珍藏版
第二版

The Positive Psychology of Teenagers

WHO 你在为谁读书 5
ARE YOU STUDYING FOR

青少年情绪管理

余闲 著

长江出版传媒
长江少年儿童出版社

作者简介

余闲

  作家,学者,心理咨询师。本名柳伟平,1981年生于浙江省兰溪市,浙江大学生物学学士,文学硕士,现任教于中国计量大学。他以天马行空的想象、广博的知识体系著称,洞察青少年教育和心理现状,创作独具特色的教育励志小说《你在为谁读书》系列,将校园小说和先进教育理念融为一体,自2006年推出以来,畅销超过120万册,成为青少年励志经典,入选新闻出版总署向青少年推荐的百种优秀图书目录,荣获湖北省首届出版政府奖、浙江省哲学社会科学优秀成果奖、湖北省精神文明建设"五个一工程"优秀作品奖、上海国际童书展"上海好童书"等奖项。

  此外,他还著有长篇小说《我们爱着爱情的什么》,学术著作《天人之境:杭州城湖共生模式的生态美学解读》《吴兴华新诗注释解析》《忧国诗圣杜甫》及教育散论《哈佛精英的人生规划》等。

内容简介

本书是《你在为谁读书》系列的第五部,承接了前四部的故事情节。

一说到读书,我们容易想到悬梁刺股,想到苦其心志饿其体肤,似乎读书是痛苦之事,只有成功之时方可快乐。但心理学研究发现,负面情绪令我们思维迟钝、目光短浅、人际关系紧张,更不容易成功;而快乐则能令我们心胸开阔、思维敏捷,进而激发成功。

可是在校园里,负面情绪正笼罩着广大青少年。在本书中,杨略、葛怡、陶坷坷等人在高考的压力下,都出现了焦虑、自卑、浮躁、松懈等情况,干扰了学习,也影响了幸福感。女生祁月长期抑郁,忽有一日,她幻想自己是从高考后穿越而来,拥有所有答案,引起全校震惊。

杨略父亲结合青少年常见心理问题,认为快乐不只是感觉,而是一种世界观,并提出增强快乐的七原则:

1. 锻炼正向思维的乐观大脑;
2. 追求有意义的人生与学业目标;
3. 倾心投入于学业和事业;
4. 打造不可替代的优势;
5. 用激情持续获得成就;
6. 经营丰富的社会关系;
7. 用智慧反驳导致抑郁、焦虑的不合理信条。

杨略等人深受启发,逐一认真修炼,不仅赢得了高考的成功,而且拥有了受益一生的快乐心态和耐挫能力,在坦途上欣然进取,逆境中挑战挫折,用快乐心态激发潜能,全面提升了竞争力。

《你在为谁读书》系列
精彩回放

《你在为谁读书1：一位CEO给青少年的礼物》

杨略是个初二学生，却没有感觉到升学的压力，一如既往地浑浑噩噩，成绩不尽如人意，时好时坏，与他的认真程度成正比，是个典型的脑子聪明而不愿用功的孩子。

暑假里的一天，他收到一封神秘来信，署名"倪甫清"。信中的一段话，让他醍醐灌顶：

年轻人，你年方十六，正是初升的太阳，充满着希望。你是要去高远的天空中放射光芒，给人间以无限的温暖；还是仅仅在地平线上优游，不思进取，浪费时光？

他不由得想：我真的甘心一事无成，虚度光阴吗？如果真的是这样，我们在世界上生活，到底有什么意义呢？他决定改过自新。同时心里又满是疑惑，这倪甫清到底是谁呢？

而神秘的来信每个月初都准时翩然而至，谈意志，谈勤奋，谈爱心，谈兴趣，一共十封信，且对杨略的一举一动明察秋毫。就是这十封神奇的来信，把杨略修理得口服心服，并按照信中教给他的招式修炼起来，最后竟成了世人眼中的好孩子。

在第十一封信中，杨略得知，"倪甫清"就是"你父亲"的谐音。原来爸爸忙于工作，平时父子很少沟通，因此想到了用神秘来信的方法，给儿子以帮助。这令杨略非常感动。

《你在为谁读书2：青少年人生规划》

进入高中以后，杨略学习努力，成绩不错，但不幸遭遇了一场车祸，让他产生迷茫：既然人生充满意外，又很短暂，那么努力和享乐又有什么区别？他父亲告诉他人生意义在于实现自我价值。从这里开始，众多人物开始陆续登台。

凌霄、余振、楚当当，都是出身工人家庭，经济条件一般，又很叛逆，有自己的爱好，凌霄爱电脑，余振想经商，楚当当迷画画，但家人不支持，于是陷入迷茫，乃至反抗。余振独自去做生意，遭遇现实的残酷。楚当当辍学去自由画画，遭遇画技的瓶颈。

还有葛怡，她长得清纯优雅，门门功课都好，但没有特长。她羡慕这帮朋友："杨略喜欢写作，猴哥喜欢电脑，大头喜欢经商，虽然现在跌跌撞撞，但至少有个方向。可是我呢？唉，每天努力学习，到底为了什么？"

陈高照是名贫困生，买不起菜，就在食堂里避开同学，舀点免费汤。他偷偷出去打工挣钱，不幸受伤，加上误选了文科，更觉百无聊赖。

富家子弟陶坷坷一出场就飞扬跋扈，自命不凡，以杨略为假想情敌，处处与他争高下，寸步不让，倒也积极上进。在全市篮球比赛中，他迫不得已与杨略合作，结果获得了胜利，于是尽释前嫌。他不再与杨略竞争，却失去了人生方向，又变得颓废迷茫。他的人生，似乎不是为自己而活。

现状如此严峻，有没有办法解决呢？书中出现了一个人生导师——杨略爸爸。他告诉这些青少年如何进行人生规划：

人生意义在于实现自我价值，自我实现需要人生目标，而人生目标需要设计包括崇高理想的培养和职业道路的规划，崇高理想需要责任心的培养，职业道路规划需要了解自己、了解社会。有了人生规划以后，还需要坚强的意志、和谐的心态去达到人生目标，实现自我价值，收获人生意义。

通过这些课程，葛怡爱上了教育学。陶坷坷因为家庭背景，选择了学习管理。而杨略呢，实践了自己的写作梦想，有了成绩，也发现了不足，好好进修。凌霄、楚当当、余振经过与家人的沟通，都坚持了自己的梦想。陈高照伤愈返校后，选择了理科。因为对草木虫鱼感情很深，他想为生态文明的建设做出贡献。

迷茫的少年们得到启示，终于各自确定了人生方向，精神面貌也变得阳光开朗。

《你在为谁读书3：自控力成就杰出青少年》

空有雄心万丈，却常常只有三分钟热度，稍作坚持就偃旗息鼓；
作业总要拖到最后一刻，才哭着做完；
不懂时间管理，做事东一榔头，西一棒子，忙忙碌碌，效率却很低下；
一心批判应试，敢于炮轰教育，但又不知何去何从；
……

杨略经过人生规划，确立了目标，却遇到了种种新的问题。面对高考的重压，他陷入了极大的恐慌。父亲及时地告诉他：要取得好成绩，实现自我价值，必须具备强大的自控力。

那么，自控力怎么培养呢？父亲融合心理学、神经分析、人格与情绪管理、思维与动机分析原理，凝结成十堂课告诉他，自控力训练要走两大步：

（一）开源。通过锻炼加以提升自控力，科学方法有：人生规划、使命感、克服拖延、刻意练习、专注热忱。

（二）节流。因为自控力有极限，需要科学方法加以利用，科学方法有：目标分解、时间管理、压力管理、劳逸结合、习惯培养。

杨略深受启发，逐一认真修炼，提升了自控力，不仅取得了成绩的进步，而且养成了受益一生的进取心态和良好习惯。

《你在为谁读书4：青少年幸福行动力》

当代青少年面临学业、情感、就业的重重包围：成绩不佳，于是郁闷；缺乏动力，于是空虚；看不清前路，于是迷茫；考试高压，于是焦虑……于是会追问：读书到底为了什么？是成功吗？那成功又是为什么？无数先哲都说，是幸福。那么，什么是幸福，如何才能幸福？

杨略的爸爸身患绝症，对幸福有更深切的感悟，于是开发了一套软件，带杨略进入神奇的醒客世界，开始了十五堂幸福课。

他们穿梭时空，见证地球形成、复活节岛盛衰，亲历巨鹿之战、甲午之战，洞悉地球危机、生态困境，也游历了未来的城市与乡村。他们纵横千古，与孔子、苏轼、亚当·斯密、曾国藩、梭罗、凡·高、萨特等世界伟人坐而论道，畅谈古今，妙解人生，金玉良言让杨略醍醐灌顶。

于是杨略懂得，幸福是人与自我和谐，珍视天赋，发挥潜能，自强自律，又能陶然自乐，让内心进取而又恬静宽阔；幸福是人与社会的和谐，用竞争激发社会的活力，用公正维护竞争的秩序，用民主法治来捍卫权利和尊严，用博爱仁厚传播正能量；幸福是人与自然的和谐，敬畏生灵，道法自然，诗意栖居，与天地精神相往来。

第一章 /1

> 心理学研究发现,忧伤、抑郁、焦虑、浮躁等等负面情绪,令我们思维迟钝、目光短浅、人际关系紧张,从而更不容易成功。而快乐则能令我们心胸开阔、思维敏捷,也更容易成功。因为大脑喜欢在阳光心态下发展,快乐与阳光让我们的大脑有不断发展的潜力。简单地说,越郁闷就越愚蠢,越快乐就越聪明。总之,快乐才是真正可持续的竞争力。

第一课 快乐是持续的竞争力/12

　　一、积极情绪的力量/14

　　二、快乐在先,成功在后/17

　　三、获得快乐的七个法则/18

第二章 /23

> 在挫折面前,我们有三条心灵成长之路:第一条,原地打转,毫无变化。第二条,裹足不前,害怕挑战,人生格局日渐萎缩。第三条,抗逆生长,经历挫折,宛如蛰龙破壁,乘云腾空。能否抗逆生长,有赖于如何看待我们手里的牌,若能对事件积极重读,乐观、接纳、发现不足,积极弥补,发现机会,就能向阳生长。这样的人,利用了逆境,发现了前进之路,并且使内心更为强大,更为沉稳。

第二课 锻炼正向思维的乐观大脑/31

　　一、希望让人免于在绝望中崩溃/33

　　二、为什么林黛玉总是看到愁云/34

　　三、训练大脑,看到更多希望/36

　　四、心灵体操:每天三件好事/37

　　五、乐观的解释风格,让我们抗逆生长/38

第三章 /45

> 人在年轻时必须有所追求，有所执着，对人生投入极大的热情，将自己的潜能发挥到极致，才能活得精彩。不经世事而力求超脱，只能是一步登天的妄想。当一个人在做自己喜欢的事情，专注、热忱，并感觉到真实的自我。此刻，他更真正地成为他自己，更完善地实现他的潜能，成了更完善的人。这样的人，不会为求功名不择手段，不会贪图享受，他们才是实现社会可持续发展的中坚力量。

第三课　打造不可替代的优势/55

　　一、自卑感的两面性/56

　　二、自卑情结的主要表现/58

　　三、自卑情结的成因/59

　　四、自信的三重境界/61

　　五、接纳自己的不完美/63

　　六、心灵体操：SWOT分析法发现自我优势/64

第四章 /69

> 一个人生活得是否快乐，我们从他们的自动思维中就可以找出答案。遇事就联想到消极、痛苦、郁闷的人，他的生活无论如何都不可能与幸福沾边，即便他的物质生活条件是多么地优越。凡事能够联想到积极、进取、愉快的人，即使他的生活水平一般，他的幸福感也是比较高的。

第四课　用智慧批驳导致抑郁的信条/73

　　一、抑郁的表现与检测/76

　　二、抑郁的成因/78

　　三、那些害人的不合理信条/80

　　四、检测我们的不合理信条/83

　　五、批驳不合理的信条/86

　　六、心灵体操：如何看待排名/90

第五章 /103

> 庖丁解牛时，物我两忘，幸福酣畅，实在令人叹为观止。著名心理学家希斯赞米哈伊认为，庖丁的体验是人类所追求的真正幸福，专注地融入某件自己喜欢做的事，全力以赴，尽情发挥，完全忘记其它所有不相关事物的存在，这时内心会感到很自然，很轻松。他把这种体验称为"心流"（flow）。心流产生时会有高度的兴奋及充实感，并且能促进我们学业发展、心理成长，因此这种心流的体验越多，我们就拥有更健康茁壮的心灵，也越觉得快乐。

第五课　倾心投入学业和事业/113

　　一、浮躁的表现和危害/115

　　二、用投入来战胜浮躁/117

　　三、用心流促进高效学习/120

　　四、心灵体操：创造"心流"时刻/122

第六章 /127

> 世间有许多人，比如约翰·洛克菲勒、安德鲁·卡内基、比尔·盖茨、沃伦·巴菲特、邵逸夫，他们的后半生都在忙着把他们前半生赚来的钱捐给科学、医药、文化和教育事业，的确创造了意义，但在前半生，他们是为了赢而赢。他们在成就中品尝到快乐，并焕发了更旺盛的斗志，更澎湃的激情，进而获得了更高的成就。但对成就的过分追求，也容易让心灵失衡，忘却自己真心想要的，而只顾盲目攀比。所以，我们必须战胜过度的成就欲望，不要让盲目攀比伤害我们的幸福。

第六课　用激情持续获得成就/137

　　一、只要你愿意，生活随时可以开始/139

　　二、生命需要激情/144

　　三、有了热忱，任何人都不可以小觑/145

　　四、警惕成就的陷阱/147

五、心灵体操：克服过度攀比心理/149

第七章 / 157

> 首先，读书让我们看清世界。不读书的人，看到的只是虚假的美好世界。读了书后，就认识到黑暗与丑陋。只有读了更多的书，才能看到云际之上，还有希望和光明。一个人生存一世，如果只是懵懵懂懂，从未探索真理，从未领略过真实的美，又有什么意义呢？其次，读书赋予我们选择的自由。许多人没能读好书，于是去打工谋生，或许收入不错，但他们是为了生计不得不做。我也要求你们读书用功，不是要你跟别人比成就，而是储备力量，以后获得选择的机会、自我实现的机会。

第七课 追求有意义的人生与学业目标/165

一、意义让我们体会到生命的价值/166

二、你能否看到读书的真正意义/168

三、再伟大的事业也有无聊的部分/171

四、心灵体操：挖掘学习中的意义/173

第八章 / 179

> 我们从小所受的教育，就是考高分、争第一，而至于人际关系，如何与人相处，向来是比较轻视的，直到年纪渐长，才发现，人际关系的作用，远远超过了成绩。现在我经常说，年轻人初涉人世，往往觉得房子车子票子是幸福的保证，这或许也对，可是我买房买车时，只快活了几日，因为永远有更好的房子、更好的车子在吸引着我们，让内心难以安顿。唯有事业、亲情与友情，才会带给我们长久的快慰。

第八课 经营丰富的社会关系/188

一、人际关系滋养我们的心灵/188

二、比尔·盖茨说，个人英雄主义时代业已结束/191

三、正确沟通，让心灵走得更近/194

四、心灵体操：感恩练习/196

第九章 /201

> 爱伦·弗朗西斯说："这种紧张、易怒的恶性状态以及焦灼的感觉耗费精力，使人的工作效率下降到可怕的程度。勇敢者只死一次，但是，有普遍焦虑症的人死一千次。"当我们深陷焦虑，要用理智来战胜它，通过风险评估，告诉自己，这事不会有灾难化后果，自己能应付，同时采取行动来解决问题。拖延只会延长痛苦，并不能帮助我们解决问题。另一方面，采取行动可以增加我们解决问题的可能性，并且提供了重要的推动力。

第九课　用智慧战胜导致焦虑的信条/210

一、最好的时代，最坏的时代/211

二、正反两面看焦虑/213

三、焦虑自测/215

四、焦虑的控制/216

五、心灵体操：放松、品味/219

六、做好心理准备才能有好成绩/221

七、掌控感能从根本上减轻焦虑/222

尾声 /239

> 其实人都是趋利避害的，但人生难免遭遇风雨肆虐，这自然是不让人愉悦的，只是因为无法摆脱，就只好硬着头皮，勉力前行。幸而有理想的灯塔指引，纵然前路迷蒙，也能奋力向前。再辛苦，也比待在原处哀叹的人要幸运。他们纵然不动，也会被暴雨淋湿。而我们一直运动，身上热气蒸腾，反而不易着凉伤寒。

第一章

　　心理学研究发现,忧伤、抑郁、焦虑、浮躁等等负面情绪,令我们思维迟钝、目光短浅、人际关系紧张,从而更不容易成功。而快乐则能令我们心胸开阔、思维敏捷,也更容易成功。因为大脑喜欢在阳光心态下发展,快乐与阳光让我们的大脑有不断发展的潜力。简单地说,越郁闷就越愚蠢,越快乐就越聪明。总之,快乐才是真正可持续的竞争力。

开学的第一周，高三（6）班的教室里就频频出现怪事。

先是插座自燃事件。按照学校规定，晚自修结束后，大伙儿全都得回寝室乖乖睡觉，教室里是不准留人的。可周二的早上，大家发现，教室的所有插座烧坏了，墙上留下一团团电线短路起火的黑迹。

对此，大家倒也不慌张。因为进了高三，常有同学奋起一搏，不惜偷偷在教室挑灯夜读。日光灯自然不敢开，就接盏小台灯，在橙黄的灯光里看至深夜，这才溜回寝室。月考之前，有人甚至通宵达旦，饿了就用电茶炉煮点方便面。由于功率太大，难免会超负荷，时间一久，就把插座烧坏了。只是，所有插座都烧坏，的确是奇怪的。

班主任欧阳子方看到了，询问了一番，并没人承认。除了不愿负责任之外，还有些同学用功了还不愿让别人知道，因为花九牛二虎之力还学不好，那是极丢脸的事情，他们乐意展现谈笑间樯橹灰飞烟灭的天才风姿。又或者，若是别人看到自己用功，也纷纷效仿，那在竞争中他就全无优势了。欧阳老师看查不出什么结果，就说了些注意安全，小心用电之类。中午时分，校工来修好插座，事情似乎也就过去了。

但杨略很快发现，插座自燃事件，只是一连串怪事的开始。

同一天下午，黑板上方的挂钟抽了风，分针在格铮铮铮响，却不肯向前走一步。杨略此时担任生活委员，这件事自然落到他头上。可是，他换了电池，却不顶用。他忽然发现，钟盘上的日期显示的是6月9号。而现在，明明才二月份嘛。

没办法，又到后勤处换了个钟，可到了第二天，也就是周三，挂钟竟又不走了。杨略觉得好奇，就搬个凳子，拿下挂钟，在调时针的时候，无意中发现，钟盘上的日期又变成6月9号。

"学校买的都什么次品啊。"

他嘟哝着，把时间和日期都拨准了，挂回原处。可是，周四，他一进教室，挂钟的日期竟还是6月9号。这个日子意味着什么？是他们完成高考的解放日啊。莫非这挂钟已成了精，通了灵？

他的脊梁骨上冒出一股寒意。

不过，他对谁都没说。

只是，怪事还在不断出现。

周五的早晨，女生郑乔姿走进教室，快到自己座位上时，忽然尖叫一声，猛一转身，死死抓住她身后的同桌楚当当，浑身颤抖不已。楚当当虽然胆大，但被郑乔姿这一喊，一抓，也着实吓得不轻。

"怎，怎么了？"

郑乔姿头也不敢回，只是用手一指。楚当当往前看去，发现窗户底下的白墙上，赫然出现了一摊血迹，鸡蛋大小，色泽红里透黑，迸裂出数条枝桠，像是条条血蛇，四处散去，然后齐齐折头往下，细细地游下去，底部聚成一团，成了诡异的蛇头。

"怎么了，喊什么？是老鼠还是蟑螂啊？"来的是杨略、曾泉、陶坷坷等一帮男生。

"是血——"

男生们也是一惊，但都装得很从容。曾泉走到窗前，做出侦探的姿态，负着手，凑近了，细心观察。

"这，好像还真是血。"

陶坷坷远远地看了一阵，却不同意。

"哪是什么血啊，这明明是颜料！楚当当，是不是你颜料盒打翻了？"

楚当当就坐在第一排，离窗户很近，虽说她已经考了美术专业课，现在一心攻读文化课，可偶尔技痒，也会拿调色板画上几笔水彩画。所以，她的桌上，经常放着几瓶颜料。

"好像……不太可能啊。颜料管里都是纯色，没这种黑红色。再说，我也没调过这种深色，现在我画的都是春天的草绿色。"

"你没有调色,兴许是有人拿你的颜料调了,往墙上一泼。"陶坷坷比划起来。

曾泉说:"动机呢?他这么做的动机呢?"看他的口吻,显然是以侦探自居了。

"搞点恶作剧呗。比如说,失恋了,看书闷了,总之,不爽了,就想发泄一下,拿起颜料,刷,泼墙上,做出血迹斑斑的样子,还可以吓吓人,多过瘾!"

陶坷坷说得头头是道,甚至还模拟了动作,似乎很有经验。

"嘿嘿,你小子就这么干过吧?"杨略微微一笑,插了一句。

"谁没个郁闷的时候呢?"陶坷坷并不否认,并且说,在他家里,有一张很大的画板,立在那里,几乎像一面墙,本是爸爸让他学作画的。但他学得不用心,只是用颜色乱涂一气。后来还发明了一招,拿纸巾吸饱了水彩,远远地扔去,啪一声巨响,一团颜料砸在画板上,又飞溅开来,既十分带劲,又颇有些意思。

"实在是发泄怒火、调整情绪的必备良方啊。"

大家哈哈一笑,有些相信了,开始窃窃私语:到底是谁晚上潜伏在教室呢。

"又不是谁家都像你这么土豪,"曾泉却是唯恐世界不乱的,依然斩钉截铁地说,"肯定是血!可能是猫在这儿抓耗子,咔嚓,咬断了脖子,血就唰——飙出来了。"

几个女生浑身都不自在了,想到了灰乎乎的老鼠,在教室里东奔西走,甚至有一群老鼠,呼啦啦地四处乱爬。

郑乔姿此时惊魂甫定,恢复了泼辣的本性。"大嘴你也太暴力啊!你们家的老鼠有这么多血啊……又不是人抹脖子……"说到这里,她声音轻下去,情不自禁打个寒战。

"当当,你看看,颜料有没有变少?"陶坷坷要为他的推理找证据了。

可楚当当偏是个粗心大意的女生,平常丢三落四,颜料管有没有变瘪，她是半点都看不出来，只是模模糊糊地说："兴许少了吧。"

大家都乐意相信是颜料，于是纷纷点头。可是杨略心里却忐忑，因为他凑近了看时，闻的绝非颜料的气味，而是一股子咸腥气。当然，也是微微有一点，他不敢确信。毕竟，旁边还摆着垃圾桶，里面还扔着辣鸡翅和蒸鱼干的包装袋。

于是值日生过来，拿抹布蘸上水，几分钟也就擦干净了。一上课，大家的心思又完全被试题占据，教室里严肃寂静，自然把这件事抛在脑后。只有曾泉的大脑袋似乎还有些空闲，急速运转。于是，在课间，一个个恐怖故事从他的大嘴里飞出，闪着幽暗的寒光，在教室里蔓延开来，让大家兴奋了好几天。似乎这个事件，只是为紧张的备考生活增加了点谈资。

但他们不知道，事情并没有到此为止。

到了第二周，细心的杨略发现，有两个人性情大变。其中一个是葛怡，另一个是她的同桌祁月。这二人的性格截然相反，葛怡是一流清溪闪烁着阳光，祁月是一眼古井还罩着浓雾，可突然之间，二人竟似互换了性格。

周一清早，女生祁月走进教室，圆脸像一罐子满满的蜜糖，走路时一晃悠，就溅出一串笑声，坐在座位上，想一会儿就笑笑，想一会儿又笑笑，连上课的时候，脸上都是红闪闪的笑容。

这让杨略有些奇怪，因为以往祁月总像一朵阴云，在教室里静静地呆着，不会电闪雷鸣，但也不会云开日出。有一回，曾泉说了个笑话，大伙儿都笑喷了，只有祁月一脸漠然，责怪的眼神往四处一瞄，就像洒水车一般，把众人的火苗子都浇灭了。

可短短几天，祁月忽然大变，倒让大家有些不太适应。

"祁月，遇到什么好事了？"有好事者贴过去问。

"秘……密……"很难得，祁月也会发嗲。

杨略以为她是学习有了进步，可上学期期末考试很一般啊，而且她上课显然也不在状态，托着下巴，脸并不朝黑板，反倒望向天花板，或是瞄向窗外，眼珠子浮着幻想的云彩，笑意像一瓶可乐，不时冒上来一串气泡儿。有时她也看书，或做卷子，用笔在上面戳戳点点，勾勾画画。杨略站起来一看，发现上面尽是些尖尖的脸蛋，剑眉朗目，头发描得仔细，画出了光泽。

真没想到，祁月倒还有这一手。

以往下课了，祁月也总是黏在座位上，和作业耳鬓厮磨，硬要培养感情。或许是强扭的瓜不甜，她的成绩一直没什么起色。每次考完发试卷，她都要掩卷皱眉，半晌无语，继而又埋藏到无休无止的作业里去。而现在呢，祁月似乎全然不把学习放在心上。瞧，下课铃一响，祁月就欣悦地弹出座位，一蹦一跳地出去了。

这太不符合祁月的作风了。

杨略不由得想，难道祁月买彩票中了五百万，一辈子不愁吃穿，于是不把高考当回事了？

不过与祁月相比，葛怡可能更不对劲。一直以来，葛怡都是温婉而开朗，像一束清晨的阳光，明亮，活泼，又不强烈。而最迷人的，就是她眼梢和嘴角的笑意，似有似无，真是和煦暖人。

而最近，或者说，自从本学期开学以来，葛怡的笑意越来越少，几乎消失了，连脸上的红润似乎也在消退。这样一来，她脸上的线条就显得有几分生硬，眉间更是锁成一团，开始喜欢独处，埋头在书堆里。

有时她和同学聊天，倒也语笑嫣然，一如既往。可是，每次杨略要接近她，她就会有意无意地闪躲，要么转过身去，要么侧过脸去。总之，他们都没有双目凝视的机会。每天下午的运动时间，原本他们都是一起的，打排球，打羽毛球，其乐融融。然而现在呢，葛怡只和楚当当、郑乔姿等女生一组，和他离得远远的。

这让杨略无比失落，却又莫名其妙。

他想到了几个月前，葛怡生病打吊针，杨略在旁边相陪，又是读诗，又是说体己话，并约定以后要一同旅行，名山大川上都要留下足迹。一回想起来，内心就软酥酥的，要飘浮起来。可这才多久啊，情况却截然不同了。

"是我得罪她了吗？"

细想，却又没有。整个寒假里，他都陪伴着生病的爸爸，又去醒客世界里周游了一圈，没怎么和葛怡联系，哪有时间得罪呢？不过，话说回来，会不会就因为没联系，她觉得受冷落，于是生了气？她不该是那么小心眼的人儿吧。

"唉，不过，女孩子嘛，总是要人关心的，尤其是在高考之前……"

于是杨略就开始了温暖攻势，每天早早来到教室，把一杯牛奶用自己的热水杯温好，放在葛怡的桌子上，旁边放一张纸签，写一些温馨的语言。他相信，女孩最吃这一套了。

可他没想到的是，葛怡看了纸签，放进了文具盒，留下了牛奶，但并没有马上喝，直到中午，牛奶都凉了，杨略都忍不住要再次提醒了，葛怡才取了吸管，静静地喝完。

从头到尾，她没有对杨略有一点温情的表示。杨略心里有些发凉，但又不能去问，更不能责备，就独自琢磨，到底发生了什么。他就坐她的身后，留心去观察，发现她有点魂不守舍，上课时偶尔会发呆，默默的一脸忧伤，俯首做题时，又半天翻不过一页去。

平静的表面上，是翻涌着什么样的浪花呢？她在想什么？莫非，她心里另有所属，正想法子来疏远我吗？或者，另有什么隐情？

"葛怡，你最近怎么了？"他发了短信过去。

"没怎么。"

"看你不在状态……"

"可能是太累了吧。"

"下午放学后，一起出去喝点什么？"学校门口有个咖啡馆，门面朴素，价格低廉，他们以前经常去坐坐，喝点咖啡，聊聊事情。

"我想一个人静一静……"

杨略不知该说什么，神思就虚飘飘的，想认真看点书，却总进不了状态，看作业逐渐堆积，心里又是焦急，又是无奈，脑子却堵塞了一般，稍微遇到点难题，就要琢磨半天。

隔几分钟，手机就会咯噔一下，他急忙抽出来看，却不是葛怡发来的，而是一条腾讯新闻，或是短信广告，也可能是群里谁发了一句话，与他并无关系。他看完了，却没有把手机马上放下，而是顺势点开微信朋友圈，或是人人网，或是微博，看葛怡以往的言论、图片，一条条看下去，时间又咯噔咯噔过去了几分钟，十几分钟，一无所获，而脑子却淤积着无聊、沮丧，浓稠而灰暗。

他又想到了明天的摸底测试，半点把握也没有，心里更是无比沉重，于是长吁了一口气，心里默默念着："天将降大任于斯人也，必先关其手机，收其iPad，断其wifi，绝其流量……"恶狠狠地将手机关闭，扔进抽屉深处。

"又虚耗了一天。"他长吁了一口气。尽管训练过自控力，可是，一旦情绪不佳，他脑子里野马飞驰，根本控制不住。

胡思乱想中，第二周熬过去了。摸底考试的成绩出来了，自然让他脸上无光，欧阳老师甚至专门找了他一趟，询问他的近况。这种关心让他温暖，却也十分羞愧。

在教室里，几位成绩有进步的同学一脸喜色，在谈论试题和解法，兴致勃勃，顾盼自雄。他心里不由翻涌出一股酸意。

"这是嫉妒吗？还是自卑？"

面对高考和前途，他忽然有种前所未有的恐慌。看着葛怡的背影，他不由得想，为什么偏偏在这个节骨眼上，你要这样对我？难道你要害我到前途尽毁吗？但怨气在头脑里盘旋了一会儿，就消散了。毕竟，她是葛怡啊，无与伦比的葛怡，他倾心爱慕的葛怡啊。

因为是高三,所以连周六也上半天课。但休息日终究是伴随着雨雪到来了。一大早,寒风一阵紧似一阵,四处黑沉沉的,像是夜晚根本没有散去,天穹就是个黑顶子,到了七八点钟,被一把大锯子刺啦刺啦地锯开,碎屑纷纷扬扬,就成了雪片,大朵大朵地飘下来,天地倒是明亮了些。

中午时分,大家做完了试卷,就放学了。操场上,同学们在玩雪,拍照,兴奋异常。就算有高考高压,但少年们总有旺盛的活力。

可杨略没有这样的闲情逸致。发生了这么多事,一周竟比一年还长,他已经身心俱疲了。

爸爸知道他要回家,就在客厅里等着他。经过一段时间的恢复,爸爸状况稳定,虽然依旧清瘦,但精神好了许多,原本蜡黄的脸上,开始出现了一丝红润。

杨略刻意要掩盖内心的失意,就装出一切如常,嘘寒问暖,但心绪毕竟是不同了。妈妈花了心思,做了一桌饭菜,又给他夹肉夹菜。

"多吃点,都是你爱吃的。"

可杨略看着那些油腻,无端地觉得厌烦,就把碗往后一缩。

"妈,别夹了,我想吃的话,自己会夹的!"

声音是高了些,把自己也吓了一跳。妈妈有些错愕,夹着鱼肉的筷子在半空里停留一会儿,无趣地回到自己的碗里。杨略心里有些歉意,但似乎还不到道歉的程度,饭桌上就有些尴尬,三个人都默默地吃饭。

饭后,爸爸坐在沙发上,拍拍旁边说:"略略,来,陪我坐一会儿。"

杨略在沙发上坐下了。

"最近在学校里还好吗?"

"还那样,就三点一线,一个个忙得都跟狗似的。"

杨略执意要说得轻松有趣一点,但他的表情,却是半点笑意也没有。

"我看你都有黑眼圈了。我以前告诉过你,自控力是要科学利用的,不能蛮干啊。"

杨略点点头，眼睛却不敢直视爸爸。

"最近心情不好？"

杨略没有回答，但答案全在脸上了。

"高考压力大？"

"嗯。"

"这次考试成绩不太好？"

"嗯。"自然，爸爸是明白人。

"可能是因为我的身体……影响了你吧？"

"不是，"杨略抬起头来，"你别这样想，根本不是这样。"

"就算是，也没关系。这都是难免的。人这辈子，难免有个沟沟坎坎。而一旦心里不快活，抑郁啊，焦虑啊，像一群苍蝇，在脑子里飞啊转啊，嘤嘤嗡嗡，那个头疼啊，脑涨啊，根本集中不了注意力，学习效率肯定受影响。"

爸爸的话，真是每个字都说到心里去了。爸爸之前遭遇了癌症，内心远比自己绝望。可是他坚强地挺过来了，现在随时可能复发，可他能安然处之。他是怎么做到的呢？

"那我该怎么办？爸爸，我心情糟透了，而现在离高考只有一百多天了。万一我还是这样，真的会废掉的……"

说到这里，他的泪珠已在眼眶里打转了，嘴角有些抽动，他赶紧用手捂住了脸。

爸爸在猜测儿子难过的原因，但一时又猜不出来。不过，青少年嘛，尤其是遇到高考这样的大事，或者还夹杂着情感的元素，难免会情绪波动。当然，原因或许不重要，关键是通用的方法。

"关键还是要快乐起来。"

"快乐？"杨略似乎苦笑了一声，又似乎是叹了口气。

爸爸没有理会他的情绪，径直说了下去。

"心理学研究发现，忧伤、抑郁、焦虑、浮躁等等负面情绪，令我们思维迟钝、目光短浅、人际关系紧张，从而更不容易成功。而快乐则能令我们心胸开阔、思维敏捷，也更容易成功。因为大脑喜欢在阳光心态下发展，快乐与阳光让我们的大脑有不断发展的潜力。简单地说，越郁闷就越愚蠢，越快乐就越聪明。对于高考，其实也是如此。"

爸爸说得似乎有些兴奋，可是杨略却在想，这是老生常谈。他当然知道快乐的好处，也希望天天快乐，就算不成功，能傻傻地快乐着，那也不错。可世间有这样的便宜事吗？

"爸爸，快乐在哪儿呢？"

似乎说到了关键处，爸爸凝视着杨略，放缓了语速，似乎要用一柄雕刀，将以下的语句一个字一个字镂刻在杨略的大脑里。

"快乐不是一种境遇，而是一种世界观，是看待世界的方式。"

"世界观？"杨略若有所思。

"平常人的心情是墙头草，风吹两头倒。成绩考好了，职位升迁了，股票涨了，就阳光灿烂；成绩下降了，项目泡汤了，股票跌了，就阴云密布。可是，一个真正快乐的人，不管是春和景明，还是风吹浪打，都能闲庭信步，从容应对。他们遭遇打击时，也会感到失落，但总能及时地自我调节，重新振作起来。"

"爸爸，你就是这样的人吧？"

爸爸的脸上露出了慈爱的神情。

"真正的快乐，是平时善于修炼强大的内心，在坦途上欣然进取，在逆境中挑战挫折，用乐观心态激发潜能，全面提升竞争力。"

杨略心念一动："爸爸，你能给我讲讲这个吗？"

"我正有此意。以前我们讲过自控力，讲过幸福。从今天开始，我们要讲快乐的方法。因为在我看来，一个人如果不懂得快乐，就算再聪明，再努力，终究是梦幻泡影。而一个心灵阳光的人，就算一时成绩不佳，境遇不顺，最后都会拨云见日。"

"那我们的课程叫什么题目呢？"杨略兴奋起来。

"就叫'快乐竞争力'。因为快乐才是真正的竞争力。"

杨略被这几句话打动了。他非常愿意相信,爸爸会用智慧消除他心头的阴云,让他在快乐中迎接高考。

"那你什么时候给我讲呢?"

"我早给你准备好了。"

爸爸从一旁的抽屉里,拿出一个大信封,递到杨略的手里。

对此,杨略已经不意外了。爸爸总能体察他的心思,通晓他的需求,并给予及时的帮助。他拿过信,心情轻松了些,回到房间,打开了信封。里面照例是一沓厚厚的信纸。一笔一画,都是爸爸手写的,笔迹端正帅气,没有涂改。看得出来,他是誊抄过的。

外面,雪已经停了,四处是明亮的雪光,映进房间里来,四处亮堂堂的。杨略看着信,闻到信笺上散发出墨水的清香,不由陶醉了。

第一课　快乐是持续的竞争力

亲爱的杨略:

见字如面。

今天早上醒来,特别想给你写信。毕竟是大病初愈,并且前途未卜,我内心时常感到焦虑、抑郁,总想找个人来倾诉。

过年时是热闹的,家里来了很多人,都是身体好的,红光满面的,没动过手术的,他们例行公事地来安慰我,言不由衷地鼓励我。

我勉强笑着,说着没事没事,多劳牵挂,谢谢探望。可内心却想,哼,都是站着说话不腰疼,有本事,你们也得个癌症试试?你瞧,刚安慰完我,这帮人一坐上饭桌,又都开心得跟王八蛋似的。

唉,真应了朱自清的话,热闹是他们的,我什么也没有。还好,你和妈妈是真心关爱我,让我觉得温暖。可惜啊,一过完元宵,你们上学的上学，上班的上班，家里就留下我一个，孤苦伶仃，百无聊赖。看电视吧，提不起兴趣来。电视里有什么呢，尽是些红男绿女，活得那么带劲，看了真让人嫉妒。虽说有个保姆帮忙烧饭，端茶倒水，可她毕竟是外人，聊不上几句。有时我想，她或许会希望我就这样不死不活地拖着，让她多挣点钱吧。假如我死了，或健康了，就不需要她了。

哼，我才不会让她如意。我想展现出健康的一面，趁着体力尚可，决定出去走走。前两天下了雪，今天开了太阳，按节气，现在该是立春了，梅花或许已开放。于是来到灵峰，嚯，这儿的梅花开得多好啊，红艳艳的，明晃晃的，漫山遍野流淌着热闹的色彩。

我起初有些欢喜，觉得阴云里透入一丝亮光。但在树下站得久了，却不由得想，梅花纵然好看，只可惜，今年看了，明年还看不看得到呢？这世界没了我，或许连一丝波纹都不会有，只会在公墓里多一块墓碑，微不足道地立在斜阳里。唉，一辈子啊……

想着想着，我在梅花树下泫然而泣。游人们用奇怪的眼神，看着我这个消瘦单薄、眉发全无、满脸泪水的小老头。

看到这里，略略，你是不是觉得压抑难言？是的，我行文之中，充满了负面情绪，抑郁、焦虑、懊恼、愤怒，同时，它们让我更为绝望，激发出更多的负面情绪。我似乎戴了一副有色眼镜，处处挑剔，时时找茬，将亲戚的善意视作虚伪，把保姆的照顾视作别有用心，甚至在梅花丛中，也只有良辰难再的无望。而这种负面情绪，又将损害我的健康。

好了，略略，其实，刚才那套话，完全是我编出来的。你知道的，我完全不会那样。下面才是我的真实情况。

此刻，我是在梅花丛中给你写信。过年时家中热闹，亲戚如云而至，一些多年不见的老友也忽然出现，与我促膝长谈，抚今忆昔，让我深感快乐。我想，去年的手术也是很成功的，加上心情愉悦，就觉得身体渐渐恢复。元宵之后，你去上学，妈妈去上班，我闲来无事，趁着立春时节，天地里萌发出一丝春意，就携带一只背包，来到西湖以西，闲步于湖山林木之间，呼吸那清新蓬勃的天气元气。

今天，我在灵峰探梅，看一树树梅花在阳光下开得明媚，不由欣喜万分。梅花有胭脂红的，有玉石青的，也有柠檬黄的，有打着朵儿的，有欲放还羞的，也有完全盛开的。我站在细风里，看粉嫩的花瓣，辐射状的花蕊，还有精致的花萼，心就纯然安静了，却又无比富足，有许多话要满溢出来，不由感慨，在如此美好的人间，就算多活一天，都是多么快乐的事情。我心里充满了感恩。抬眼望去，但觉无处不好。我的嘴角带着淡淡笑意，目光拂着过往的游人。他们感觉到了，也纷纷微笑回应。

于是我又走了一阵，忽然很想写点什么，就走出植物园，在青芝坞随意寻了家小店。位置靠窗，窗外恰好有一树红梅，树下是细嫩的新草。我点了杯龙井茶，从背包里取出纸笔，在花香中给你写信。你说，这种意境是不是极美？

略略，真的，这是同样的一天，主角同样是大病初愈的我，但只是因为情绪的不同，前一个场景完全是末日的阴沉，而后一个场景却如春日般和煦。

你愿意把日子过成什么样子呢？

想想看你最郁闷的一天，如果让你重新过一遍，能不能把它过得快乐一些？这可是我布置给你的作业哦！

一、积极情绪的力量

当然，看到这里，你心里肯定在叹息，甚至抱怨了："老爸，我还能过得快乐？得了吧，我只是个机器，整天做题，做题，考试，考试，人都发霉了。"

你的意思是，在高考的压力下，谈快乐，是不是过于奢侈？那么，我想问你，你准备什么时候去快乐呢？估计你会回答："等高考之后吧。"

万一你高考失利呢？当然，我非常不愿意看到这一点，但是，谁能保证你必然成功呢？面对失败，你还能快乐起来吗？

于是你回答："等我考上名牌大学吧。"

好，许多人都是这样想的，先痛苦着，忍受着，等拿到录取通知书，就扬眉吐气，心满意足，无比快乐。可是，可是，这种快乐是持久的吗？高考后的几个月，你或许成了一只快乐的气球，轻飘飘的，陶醉醉的。

可等你上了大学，尤其是名牌大学，就面临着更多优秀脑子的竞争，面临着升学、就业。你准备怎么样？好吧，拿出以前那一套，继续痛苦着，忍受着，等待着考上研究生，或者找到工作，然后再快乐。吃苦在先，快乐在后。

然后呢，你像被卷入了一场滔滔的洪水，越来越难以自主。工作之后，一晃儿就考虑成家，于是购房、购车，再结婚，育儿。到了这一刻，你就上有老，下有小，种种压力扛在肩上，想过自己的日子而不可得，每日眉头紧锁，戮力向前，心里念叨着：熬过这一阵，等到升职，我再快乐；等到买房，我再快乐；等到孩子长大，我自由了，我去旅游，肯定会快乐……

结果，等到那一天，你已经年过半百，想要的快乐，却没有如约而至，想要的旅游，却没有足够体力去了。于是沮丧地想：这辈子到底得到了什么？

对不起，我不该用"你"，而应该用"我"。因为，我就是这样过了一辈子，或者说，大半辈子。我就像一头蒙着眼睛的驴，绕着磨盘转了一圈又一圈，满以为走遍了全世界，其实一直在原地转圈。

直到我得病之后，终于放慢了脚步，甚至站住了，才开始反思：我的时间去哪儿了？说好的快乐，又在哪儿？于是我不停地读书寻找答案，宗教的，哲学的，心理学的。最后，在积极心理学那儿，我找到了答案。而这个答案，可以用美国作家玛格丽特·伦贝克的一句话来概括，那就是："快乐不是你要到达的终点，而是你旅行的方式。"

> **知识点链接：**
>
> 芭芭拉·费雷德里克森做过一个实验，将参与者随机分为三组，积极情绪组看喜剧片，中立情绪组看动物世界，消极情绪组看大屠杀的纪录片。看完后，对三组参与者进行测试，然后比较结果。最后她得出结论：积极情绪能拓展我们的心智，构建我们的未来，这就是有名的"积极情绪的扩展与建构理论"。

是的，当我们忍受痛苦，追寻成功，总以为成功之后，就会有一劳永逸的快乐。其实，成功的确会带来快乐，但这种快乐是暂时的，我们很快就会适应，于是身在福中不知福，继续去追求更大的成功，填补内心的空缺，如此周而复始，人一辈子就过去了。

而如果这个追求的过程也是快乐的，那又会产生怎样的情况呢？好处有以下三个。

第一，快乐让我们心情舒畅。

这显而易见。就像我在信里写的两个"我的一天"，积极情绪让我轻松愉快，对世界充满感恩，对未来充满希望。如果你能保持这样快乐的心境，自然也会感觉到生活的美好。

第二，快乐拓展我们的思维。

消极情绪限制人们的思想和创造性，积极情绪扩展我们的视野，活跃我们的思维。比如，喜悦会激发探索和发挥创造性的冲动；而宁静激发出我们品味当前情境，把自己融入周围世界的冲动。

第三，快乐改变我们的未来。

当我们更快乐、更积极时，我们会变得更成功。具有积极情绪的医生，他们做出的明智且富有创造性的诊断几乎是具有中性情绪医生的3倍，而且准确诊断的速度要快19%。乐观销售员的业绩要比悲观的同行高出56%。在考试前心情愉快的学生的成绩要远远高于心情一般的学生。所有结果表明，我们的大脑表现最好的时候绝不是消极悲观或心如止水的时候，而是被积极情绪包围时。所以，成功是快乐的先锋，而不仅仅是结果。

总之，快乐不仅让你倍感欣悦，它本身就是一种竞争力，令人思维敏捷，视野开阔，充满创造力。我们称之为快乐竞争力。而这又是一个很大的话题，我决定再用九封信，和你细细地谈这个话题。

二、快乐在先，成功在后

我看过《致我们终将逝去的青春》，姑且不论这部电影和小说水平如何，单是这个题目，就会让每个人心里一颤。是啊，青春何其美好，又何其短暂易逝。可是，当你正身处青春，尤其是中国式青春，你真的觉得只有美好吗？其实，青春期充满了起伏波动，无端的烦恼，对自我的怀疑，对别人目光的敏感，种种困惑，组合成五味俱全的青春岁月。

如何才能让青少年更快乐，更有创造力，这是中国教育的重大任务和难题。因为我们重视成绩，重视竞争，所以常常说，"吃得苦中苦，方为人上人"，说"学海无涯苦作舟"，就仿佛我们应该视读书为苦海，视学习为畏途，于是青少年普遍不快乐，成绩差的就厌学，成绩好的也整天忙于竞争，陷入焦虑的深渊。

那么，有没有办法，让学生既享受快乐，又提升成绩呢？近年来教育心理学界提出了一个崭新的概念，叫做学业情绪，它对学习和成绩影响更大。

所谓学业情绪，是指学生在学习过程中，与学业密切相关的各种情绪体验。结合中国青少年的实际情况，我总结出如下18种学业情绪（如表1-1所示）。

表1-1 青少年的学业情绪

积极情绪	希望	自豪	宁静	兴趣	感激	幽默	激励	从容	喜悦
消极情绪	失望	自卑	焦虑	疲乏	孤独	气恼	嫉妒	恐惧	抑郁

在该表格中，积极情绪和消极情绪相互对应。积极的学业情绪让人高瞻远瞩，用美好的心理体验，拓展自身能力，比如希望让人不屈

不挠,自豪让人自我尊重,宁静让人思维敏捷,兴趣让人乐而忘忧,感激缔造美好的人际关系,如此种种,都让人终身受益。

综合而言,积极学业情绪有以下作用:

第一,有利于提升注意力、记忆力、推理能力,促进学习成绩。

第二,能激发正向的学习态度,促进自主学习。

第三,能促进良好的师生关系、同学关系。

第四,能促进学生心理健康。

也就是说,如果我们能激发出自己的积极情绪,减少负面情绪,那我们不仅能更快乐地生活,也能提高学习效率,改善人际关系,获得心理健康,可谓一举而多得。当然,心理学家发现,负面情绪和积极情绪的比例是1/3~1/16,负面情绪太多,或者太少,都不利于我们发展。

那么,我们怎样才能获得这种比例呢?

三、获得快乐的七个法则

我经常说,快乐不只是感觉,而是一种世界观,在这里,我还要告诉你增强快乐竞争力的七个法则:

1. 锻炼正向思维的乐观大脑;
2. 追求有意义的人生与学业目标;
3. 倾心投入于学业和事业;
4. 打造不可替代的优势;
5. 用激情持续获得成就;
6. 经营丰富的社会关系;
7. 用智慧反驳导致抑郁、焦虑的不合理信条。

接下来,我将对快乐七法则做一个简要介绍。

(一)锻炼正向思维的乐观大脑。其重点是培养乐观的解释风格。所谓解释风格,即我们如何解释过去的事件,它对我们的快乐和未来成功有着重要影响。有乐观解释风格的人把逆境解释为特定的和暂时的（还不是那么糟，事情会变得更好）。而有悲观解释风格的人把这些事情看做是普通的和永久的（真是太糟糕了，永远也改变不了）。

（二）打造不可替代的优势。具有优势，才能获得自信。面对高考，每个人都会忐忑不安，心中没底。但我要告诉你的是，受教育就是自我发现的过程，而高考就是人生的一次分流，我们将根据自己的优势，走属于自己的专业之路、职业之路。发现自我优势，正视自身不足，能给我们觉得踏实、快乐、充满信心地迎接高考。

（三）用激情持续获得成就。成就感是快乐的温床。要想生命中充满快乐，我们需要获得成就。塞利格曼在《持续的幸福》中说："追求成就人生的人们，经常会完全投入到他们的学习和工作中，也常如饥似渴地追求快乐，并在胜利时感受到积极情绪，还有可能是为了更大的目标而战。"

（四）倾心投入于学业和事业。心流时刻是快乐的极致。希斯赞特米哈伊认为，人类最快乐的状态，是专注地融入某件自己喜欢做的事，全力以赴、尽情发挥，完全忘记其他所有不相关事物的存在，这时内心会感到很自然，很轻松，他把这种体验称为"心流"（flow）。心流产生时会有高度的兴奋及充实感，并且能促进我们学业发展、心理成长，因此这种心流的体验越多，我们就拥有更健康茁壮的心灵，也越觉得快乐。我们要戒除浮躁，制定学习计划，按部就班，不急不忙，专注地各个击破，品味一个个"心流"时刻。

（五）追求有意义的人生与学业目标。目标的意义让快乐更有分量。其实，你对学习的看法，决定了你是否能学好。也就是说，你越认为学习单调乏味，学习就越发乏味透顶。而如果你看到了学习的意义，那么你可以焕发出强大的力量，足以战胜厌倦。

（六）经营丰富的社会关系。情感是快乐之源。年轻人初涉人世，往往觉得房子车子票子是幸福的保证，这或许也对，可是我买房买车时，只快活了几日，因为永远有更好的房子、更好的车子在吸引着我们，让内心难以安顿。唯有事业与亲情、友情，才会带给我们长久的快慰。如何相处，如何沟通，就成了大问题。

（七）用智慧反驳导致抑郁、焦虑的不合理信条。当我们感到抑郁或焦虑，肯定会认为是外物使然，比如别人的恶语中伤，或是考试的失败。然而，心理学家埃利斯认为，并不是人和事——它们不过是一种刺激——是我们内在的观念决定了感受。所以，要摆脱抑郁、焦虑情绪，可以尝试改变自己的不合理观念。

略略，我希望把这一套方法都告诉你，让你在快乐中成功，在成功中快乐。我想，在自控力之后，这又是会让你终身受益的修炼。

这封信我自然是用了好多天写成的。刚写信时阳光普照，之后气温骤降，写到今天，信是写完了，可窗外居然纷纷扬扬下了一天大雪，于是不免又想加上几句。

你知道吗？当我看着那硕大的雪花密集地飘落，积在草地上、屋顶上、车背上，心里掀起了无比的兴奋。啊，我已经多久没有为下雪而如此欣喜了！

记得小时候，每到彤云密布，心里就开始期待。终于下雪了，就猴子似的再也难以安坐，也不打雨伞，就和小伙伴们奔到雪中，又是蹦，又是跳，又是喊，又是叫，用舌头去舔雪花，迫不及待地用薄雪去堆雪人。到了晚上，心有不甘地回家睡觉，又期待着晚上雪下得更大一些，最好不要停。第二天早早起床，去看银装素裹的世界，要第一个把脚印留在厚厚的雪地上。但是，雪地上的第一行脚印，往往是梅花状的，那是狗留下的。它们看到雪，也是如此快乐啊。

但随着年纪渐长，这种兴奋减淡了。尤其是最近几年，看到下雪，我就有几分忧心，怕路上有冻雪，第二天堵车，上班又得迟到了。这种想法真是大煞风景啊。

幸好，我此刻重新有了孩子时的冲动，看到小区草坪上厚厚的积雪，看到远山白茫茫一片，就很想去堆雪人，去打雪仗，去爬山，去找那些被雪光照花了眼睛的野兔和野猪。

这是多么好的世界。

祝福你，亲爱的儿子。

最爱你的
倪甫清
2月16日

看到爸爸的署名"倪甫清"，杨略不由笑了。这是初中时爸爸写匿名信时的化名，谐音"你父亲"。一想到往事，他的心里照进了一束奶油色的阳光。看爸爸在信中描绘雪景，不由心动，于是离开房间，走下楼去，来到江边的一片水杉林子里。

雪又开始飘落。水杉清朗的枝条上覆盖着雪花，成了粗大的棉花条。树下是厚厚的积雪，将落叶、杂草一并遮挡了，只露出一条石板小径。而这小径已不再是平时的浅灰生硬，而是点缀着一行行鞋印。纹路样式繁多，有的辐射如梅花，也有的起伏如水浪，印痕粗犷深沉的是豪放莽撞的运动鞋印，纤小束腰的自然是女孩轻灵的小皮靴印。所有的印记，都细致得犹如浮雕。

杨略心里逐渐快乐起来，又想到了爸爸给他布置的作业，列举情绪最消极的一天，用积极情绪去替代。而那一天，莫过于拿到成绩时，他数学刚刚及格，语文也不过一百来分。他顿时天昏地暗：这就是我真实水平？那我完了，什么名校梦，彻底报销了。

如此越想越无望，心头却冒起一股无名火，越烧越旺，最后深恨起自己来，总想要破坏一点什么才好，或许，该打自己几个耳光？

如果换上积极情绪，应该怎么过呢？杨略开始想象：

我拿到了全部的考试成绩，顿时愣在那里。数学的失败我是能预料的,可是语文怎么也这么低?其他科目也没有一项是景气的。情绪低落自然不可避免。但我想到了过去的好成绩,那都是不争的事实。从概率上来说,对于我而言,考得好是正常发挥,而这次只是发挥失常。一次而已,有什么了不起?而这次考砸的主要原因,不就是因为爸爸生病,葛怡对我冷淡,让我心绪不宁吗?换句话说,我要是在那种情况下,还像一个冷血动物一样,完全不懂感情,只顾自己看书考试,没点人情味儿,那才真的糟糕呢!

这样想着,我心里渐渐舒服了些。再去看几份试卷,发现错的地方都有共性,也就是我平时学得不扎实的地方,也就是说,这次考试,刚好指明我的软肋,以便接下来的四个月内好好弥补。真有不懂的地方,为什么不去向别人请教呢?嫉妒,得了吧,大家都是好兄弟,互相激励才是最重要的。嘿嘿,下次谁高谁低,那还说不准呢!

另外,关于葛怡,我相信,她应该只是暂时有难言之隐,而不是要远离我,过段时间就会好的。

我的心里重新鼓起了风帆,郁闷之气荡然无存。我拿出错题本,对自己说一声:知耻后勇,见贤思齐!咱爷们还怕这点小风波?笑话!

杨略沉醉在思绪中,越想越开心,有种摧枯拉朽的畅快感。回到房间,内心还是颇为兴奋,心里就抽出一点诗情,写了几行字:

那么多小小的天鹅,栖落大地,聚成一朵白云,无声无息,我的黑眼睛,我的丰收与荒凉,今天统统被你的洁白照亮。一年已尽,这些圣洁的雪光,抹去过去的春红秋黄,让世界清清白白,让我也清清白白。走在路上,放声歌唱。啊,这雨水凝结的花瓣,这甜蜜的音符,栖落肩膀,陪着我,将脚印写在浩荡的远方……

在他看来,爸爸的信,或者说积极情绪,就像一天洁白的大雪,把嘈杂纷繁的过去都给覆盖了,留下一片清亮澄澈,容他用自信的脚步,盖上一个个快乐而充实的鞋印。

第二章

在挫折面前,我们有三条心灵成长之路:第一条,原地打转,毫无变化。第二条,裹足不前,害怕挑战,人生格局日渐萎缩。第三条,抗逆生长,经历挫折,宛如蛰龙破壁,乘云腾空。能否抗逆生长,有赖于如何看待我们手里的牌,若能对事件积极重读,乐观、接纳,发现不足,积极弥补,发现机会,就能向阳生长。这样的人,利用了逆境,发现了前进之路,并且使内心更为强大,更为沉稳。

新的一周开始了，在教室里天天看到葛怡，虽说有爸爸的指点，但杨略还是心绪难平。葛怡的态度依然如故，杨略并不气馁，继续对她采取牛奶攻势，相信精诚所至，一切都会迎刃而解。他沉浸在柔情的想象中。直到有一天，葛怡把纸签和牛奶都递了回来，纸签上还多了一行纤秀的字："谢谢你，以后不要送了，好吗？"

杨略愣住了，一时不知怎么办才好，只是觉得心里头一阵阵发酸。他觉得自己就像一堆柴火，在冰天雪地里，奋不顾身燃烧了自己，可她呢，却不来取暖，就让他灰飞烟灭，无处归依，毫无价值。他觉得孤寂了，要同情自己了，甚至连嘴角都抖动了。但毕竟是男生，他忍住没出息的哭泣，用笔捅了捅葛怡的背部，轻声询问："你怎么了？"

啊，这个动作何其熟悉。以前他只要一捅葛怡的背，她肯定会轻盈地转过身，把手臂搁在杨略的桌子上，眼眸里满是笑意，两人嘻嘻哈哈，又是说不尽的话题。这一瞬间，他很希望最近一段时间，自己只是做了场噩梦。如今梦醒了，一切就如常了。

可是，葛怡却没有转身，只是摇了摇头。他有些不知所措，但在众目睽睽之下，却又无可奈何，就拿出手机，发了个信息过去。

"发生什么事了吗？"

"没有。"

"为什么不接受我的好意？"

似乎过了好久，手机才震动。

"是我的错。"

"你有什么错？"

"反正都是我的错，对不起……"

"到底是什么地方错了？"

没有了回应。杨略好不容易熬到中午就餐时间，他跟上了葛怡，不由分说，一把拉住她的手，带到食堂边上的小树林。就在这里，他们曾一同散步、闲坐，留下无数美好回忆。

"葛怡，你到底是怎么了？"

葛怡挣脱了他的手，脸上还慌乱不已，又不敢去正视他，就面朝着一株高大的水杉。水杉落尽羽毛状的叶子，还没能抽出绿芽，显得有些瘦削而萧条。寒风在林子里呼啸而过。天上彤云密布，依然是下雪的季节。

杨略却感觉不到寒冷，他的心思，完全被一股子怨气占据了。

"我做错什么了，你就这样……"

"你没有做错什么。"

"那你为什么不理我？"

"我……没有。"

"你都没看过我一眼……"

"我不想……"

杨略失魂落魄。他觉得，葛怡虽然近在眼前，却又那么遥远。冷风终于灌进他的衣领，直钻到身体的四处去。

"你到底是怎么想的？告诉我好吗？你别让我不明不白的……"

他低声地说出这句话，身子骨忽然松垮了，变得无比孱弱，脚底下虚飘飘的，心里更是没着没落。

自从他得知爸爸生病以来，一直深陷巨大的忧虑之中。爸爸虽然进行了有效的治疗，但随时可能病情恶化，并离他而去。而他自己呢，近来学习不在状态，真是前途未卜。幸好他还有葛怡，彼此情投意合，可以作为内心最坚强最温暖的依靠。

可现在呢，一切轰然坍塌。长久淤塞的悲伤，就如洪水滔滔，奔涌而出，再难平息。他一时难以自控，长久的压抑之后，也不想自控。鼻子开始发酸，他用手捂住嘴，但哭声还是从唇齿间一波一波地释放出来，飘荡在寂静的小树林，飘荡在稍纵即逝的青春岁月。

而葛怡却似乎冷静下来了，因为背对着，他看不到她脸上的表情。

"我……"她终于说话了，但才说了一个字，就停顿了，许久才又清了清嗓子，似乎在忍住哭泣，继续说，"我只是不想考虑那个问题。"

"不考虑什么？"

对于答案，杨略是心知肚明的，但还是不愿面对。太长久了，从初中开始，已有长长的五年光阴，他最清澈的青春时光，都与葛怡一同度过。她早已是他生命中最珍贵的一部分。如今要生生地剥离，怎能不连血带肉？

"你知道我在说什么。"葛怡似乎下定了决心，转过身来，泪眼婆娑，迷茫无比，"对不起，杨略，我……"

她的身体在剧烈颤抖。显然，她的决心是脆弱的，一看到杨略的眼泪，所谓的决心，顿时溃不成军。于是，她选择逃离了，慌慌张张地跑了起来，发带被树枝钩到，马尾辫顿时乱了。她干脆扯下发带，披头散发而去。

杨略看着她的背影，就好像看着一朵灿烂明丽而又无情飘逝的流云，一段温暖和美而渐行渐远的往事，无限美好，却又绝难挽回。

他忽然觉得难以呼吸，就像童年时的一次溺水。小伙伴在深处一边划水，一边冲岸边的他喊：来啊，跳下来，怕什么，胆小鬼，哈哈哈。胆小鬼三个字刺激了他，脑子一热就跳下去，水花四溅，头已没入水中，只听见手臂胡乱拨水的声音，带动还有无数气泡，咕咕噜噜，沉重得像凝滞的叹息。他看见小伙伴惊恐的表情，张大的嘴巴，被水波所扭曲，听不见一点喊声。

当晚，平生第一次失眠。夜很深了，他还枕着手臂，看窗外的廊灯。凌晨时分，他打着手电，趴在床上，在日记本上写字，歪歪扭扭，又被滴落的泪水打湿。他心里想，以后每次读到这里，视线都将崎岖不平。

接下来几天，他上课恍恍惚惚，只在书页边上画些图案，纵向画下一条线，倏然几个曲折，便是少女的侧面，轻巧的额头、鼻子、下巴，也不添眼睛和嘴唇，只留一片混沌。下课就发呆，有时也故意在葛怡面前走过，双手插兜，趿拉着鞋，一脸颓废，重重地叹气，希望唤起她的同情。

就这样混混沌沌地过了几天。虽说一直提不起劲来，但杨略也明白，自己没资格玩颓废，更不可以沉沦。毕竟，他不只是为自己而奋斗。毕竟，此时此刻，他唯一的依靠，就是成绩，还有未来。

"好，好，都瞧不起我，看谁笑到最后。"

他想把毒毒的目光射向葛怡，但是，目光一触及葛怡飘逸的长发，脸上白净的皮肤，就变得柔软了，像一股怒涛出了峡谷，来到平旷的原野，就变得绵延平静，所有的旧时光都涌向脑际。

"不管怎样，我都要和你在一起。"

他打定主意，不管葛怡考到哪儿，他也考到那里去，就跟着她，死乞白赖地缠着她。于是，他开始玩命地做题，要将近几年来堆积的参考书做完。

可是，内心的阴郁是难以摆脱的，时常看着书，神思却飞了出去，像个残翅的蜜蜂，扑棱棱乱撞，半天收不回来，末了，难免是唉声叹气。不过几天功夫，他就显得面容憔悴。

他制定的学习任务，从来没有按时完成过，这又令他心急如焚，脑海中有厚云在浑浑涌动，不时触发闪电，就急躁得想要做点出格的事儿。课间站在四楼的窗边，看楼下青翠草地，偶尔会有往下跳的冲动。猛然清醒过来，却将自己唬住，立即逃脱开去。

他偶尔会想，祁月和葛怡的变化，还有自己的抑郁，是不是几件怪事的延续。难道，这个教室受了诅咒？

而中招的人还在增加。杨略奇怪地发现，陈子轩最近也有些不正常了。

陈子轩曾经迷恋于网络，时常在网吧里玩到通宵。上学期时，真是机缘巧合，一天晚上，他翻围墙时，恰好碰到他爸爸缩在墙角。原来他爸爸来送衣服饭菜，时间晚了，进不了学校，又舍不得住旅馆，就在围墙外蹲一宿。这令他无比震惊，而后幡然悔悟，锐意向学。可惜学业荒废太久，要想进步，不免要拼了老命，晚上都舍不得睡，拿出过去在网吧熬夜的精神，在教室里熬夜看书了。

此外，陈子轩还擅长漫画，最近有一组漫画在知名杂志《绘心》上发表，在校园里赢得了不少粉丝。照理说，他应该奋发进取，不知疲倦，向梦想靠近。可最近呢，杨略发现，陈子轩又开始逃学了。有好几回，他在晚饭时间消失，不参加晚自修，等寝室里都快熄灯了，他才红光满面地出现，兴奋异常，一边脱衣服，一边高谈阔论，话题不外乎两个，一是批判应试教育，二是大谈名人创业。他说得唾沫星子乱飞，最后，往往会感叹一声："读书顶什么用！对比那帮牛人，我就是个人渣啊。"

"哪帮牛人啊？"曾泉从上铺探出头来。

陈子轩说："说了你也不认识。"

"都不认识，还牛什么呀？"班长单昀也放下英语词汇表，表示了一定的兴趣。只有杨略没在听，最近他看什么都没状态，干脆就看武侠小说了。这会儿，他正在台灯下看《神雕侠侣》。

"你是没去听，听了你也得服气。"

"听？听什么？"说话的是曾泉。

"讲座啊。是一些成功人士的讲座，就在旁边的理工学院，每周好几讲呢。要说吧，那些家伙可真了不起，要家境没家境，要学历没学历，就靠白手起家，年薪几百万，真是典型的屌丝逆袭啊！大嘴，下回你也去听听。"

"要真这么励志，杨略，"曾泉把脸朝向杨略，"我瞧你这阵子蔫儿吧唧的，要么，咱都去听听，也打打鸡血？"

杨略压根没听见他的话。他此时正看到一段精彩的。小龙女和杨过被困在活死人墓。杨过发现一条暗河直通墓外,可小龙女身染剧毒,不能泅水,杨过要将她放在木箱里。小龙女说:"我要有一段时间看不到你了。"如此痴情的话语,让杨略不由潸然泪下。

"杨略——"

"啊?"杨略惊醒来。

"去不去听讲座啊?"

杨略随口答应了,又把心思聚集到小说上。

等陈子轩冲完澡,寝室已经熄灯。他哼着歌,爬上自己的床位,和以往一样,拿出手机。

"兄弟们,我给大家念个段子吧。"

按照规定,熄灯后不能说话。可小小的卧谈会,往往能放松神经,所以一直偷偷进行。杨略无事可做,就听陈子轩讲故事。

"这个段子啊,叫做《成绩第一名和最后一名》,说的是优等生王学文和差等生张二狗的故事。大家可听好了。王学文一年小学,就会背唐诗300首,做100以内加减法,口齿清晰条理清楚,老师对他眉开眼笑;张二狗对老师的提问一问摇头三不知,神情呆滞语无伦次,老师对他暗暗皱眉。此后,在学校里,王学文春风得意,老师喜欢,家长自豪,女孩暗送情书;张二狗调皮捣蛋,人见人厌,时常登上宣传栏的处分榜。大家猜猜,后面会发生什么?"

"一个学霸一个学渣嘛。"单昀向来是单向思维。

"嘿嘿,且待我慢慢道来。再此后啊,王学文上中学,上大学,一路顺风顺水,来到了省城;张二狗呢,高中没考上,就混社会,几年下来,攒了点钱,在省城注册了公司。"

"哪那么容易就注册公司啦。"单昀嘀咕。

"现在阿猫阿狗都有公司,见谁都发名片,什么国际贸易公司董事长,其实就是开小卖部的,还有什么皇家果品实业,只是个摆水果摊的。"

曾泉接过话头，补充了一句。

"别闹别闹，听我说。后来呢，王学文大学毕业，找不到工作，处处碰壁，租地下室，没房没车，女友见他没出息，嘿，分手了。张二狗呢，创业成功，成为民营企业家，开着保时捷，受领导接见，闲着没事想读书了，几年内拿到了MBA学位，还上了电视，对着漂亮的财经频道女主持谈企业文化，一帮校花因为张二狗家大业大前程大，向他眉目传情投怀送抱。"

陈子轩读得兴奋，声音越来越大。

"高潮是最后一段：十几年前，老师感叹，要是所有学生都像王学文一样该有多好；十几年后，老师感叹，要是所有学生都像张二狗一样该有多好。兄弟们，深刻吧？"

几位室友听了，一时五味杂陈。说起来，他们都是重点中学的学生，虽说现在成绩有高低，可当年在初中时，个顶个都是学校里的尖子生。所以听段子里说读书没用，心里到底像吃了个苍蝇一般恶心。可是，他们也都知道，这年头世道不一样了，大学生不吃香了，找工作得靠关系了，靠读书来改变命运，似乎也越来越难了。不过话说回来，家中无权无势，除了读书，自己还能干什么？

陈子轩还在聒噪："有个老总说了，3000块，你就想招个民工？白日做梦！3000块，你只能招个大学生！"

说毕，他没心没肺地大笑起来。室友们也附和着笑，曾泉不免又骂了一通世道，什么收入低，消费高，但也无可奈何。他原本是睡前都要打着手电看一段《史记》的，今天也没心思读了。而杨略呢，原本就心情压抑，听了更是堵得慌，很想摔破，或是撕碎一点什么，以发泄胸中的郁闷之火。

单昀却认真地问："这段子是真的吗？"

杨略终于插嘴了："谁相信，谁就输啦！"

陈子轩却不服："可真是明摆的事实啊。大学生高不成低不就，还不如农民工吃香。"

杨略到底是善于思辨的,他早瞧出这故事的问题。

"哼,学霸里有混得惨的,学渣里有混得好的。可总体来说,学霸的前途是学渣望尘莫及的。所以,要是相信这个段子,为自己不读书找理由,最终将是张二狗的经历王学文的命。"

单昀和曾泉听了有些释然,在黑暗里点着头。可陈子轩还在嘀咕:"死读书绝对没用。"

杨略说完这通义正词严的话,心里痛快了些,胡乱想了一会儿,也就睡了。

次日早晨,他一到教室,就看到座位上有他的信。不用说,自然是爸爸寄来的。

第二课　锻炼正向思维的乐观大脑

亲爱的杨略:

最近总是下雨,闲来无事,不能去山林,就钻进电影院。四下里灯光一黑,身下是酥软的沙发,眼前只有一张屏幕,忽然就超然世外,浑然忘却平日忧烦,尽心沉醉到电影中,进入一段段爱恨情仇中去,真是极美好的体验。

我还记得你曾说过,因为一些大片让你期待很久,但走进影院,却觉大失所望,于是就换了种心态,任何电影,你都不抱希望。这样就有了两种结果:若是电影不错,心里就惊喜;若是电影很糟,也没关系,没有希望也就无所谓失望。

你阐述了这套理论后,还故作深沉地说:"其实人生也是这样啊。"似乎在你看来,希望乃是失望之源,要弃之如敝屣的。

事实真是如此吗?

> **知识点链接：**
>
> 《安德的游戏》：美国科幻作家奥森·斯科特·卡德代表作，曾获"雨果"、"星云"这两大世界级科幻奖。小说以科幻设想为背景，站在青少年心灵成长的视角高度，用跌宕起伏的故事情节，讲述了主人公的成长故事。最值得称道的是，书中少年安德果敢聪明，心地善良，勇于反省自己，是一代代读者心目中的偶像。
>
> 《指环王》：英国牛津大学教授兼语言学家J.R.R.托尔金的史诗奇幻小说。本书讲述了中土世界第三纪元末魔戒圣战时期，自由人民为反抗索伦追求自由而誓死抵抗黑暗的故事。《霍比特人》是其前传，讲述巴金斯与矮人们的探险故事。两部作品被彼得·杰克逊陆续改编成电影，引发观影狂潮。

比如我们那次去看《安德的游戏》，因为之前从未听说，只是机缘凑巧买了票。一看之下，大喜过望。科幻情节，少年救世，都是你的最爱，于是啧啧称赞。但计算一下，你到底快乐了多久呢。看电影的两小时，外加一点回味的时间。

再比如我们都极迷恋《指环王》系列，所以一听说其前传《霍比特人》正在拍摄，并将陆续上映，我们就极为期待，时常在网上搜索相关消息。等到公映时间确定，我们更是翘首以盼。平日里，一想到再过几天即可观看，心里便翻涌着欢喜。终于等到了首映之日，我们立刻坐进影院。当恢弘熟悉的音乐在影院里响起，宁静优美的夏尔在屏幕上出现，我几乎是感动得垂泪，心里更是幸福难言。经过两个多小时的视听享受，走出影院时还在回味无穷，并且开始期待第二部、第三部。算算看，这部电影让你快乐了多久？居然快乐了好几年！

可见，希望乃是快乐的一个源头。

一、希望让人免于在绝望中崩溃

这几日，我在读托尔斯泰的《复活》，这虽是一本写心灵救赎的大书，但在我看来，谈的却是希望。曾经的罪孽可以清洗，麻木僵死的内心可以复活，人生可以重来一次，变得像素莲花一般洁净。这是多么美好的事情。你瞧，小说的第一段多么意味深长：

尽管好几十万人聚居在一小块土地，竭力把土地糟蹋得面目全非，尽管他们肆意把石头砸进地里，不让花草树木生长，尽管他们锄尽刚出土的小草，把煤炭和石油烧得烟雾腾腾，尽管他们滥伐树木，驱逐鸟兽，在城市里，春天毕竟还是春天。阳光和煦，春草又到处生长，不仅在林荫道上，而且在石板缝里。凡是春草没有锄尽的地方，都一片翠绿，生意盎然。桦树、杨树和稠李纷纷抽出芬芳的黏糊糊的嫩叶，菩提树上鼓起一个个胀裂的新芽。寒鸦、麻雀和鸽子感到春天已经来临，都在欢乐地筑巢。

这段话，你看了或许觉得很平常。可是，刚从病榻上走下来的我却情不自禁地流下眼泪。这些文字中流淌着一股伟大的生命力，让我

知识点链接：

《复活》：列夫·托尔斯泰作品。小说讲的是贵族青年涅赫柳多夫引诱了他姑母家的婢女卡秋莎·玛丝洛娃。卡秋莎怀孕后被赶出家门，后来当了妓女，因被指挥偷钱而受审判。涅赫柳多夫以陪审员的身份出席法庭，见到卡秋莎，深受良心的谴责。他向法官申请准许同她结婚，以赎回自己的罪过，并为她奔走伸冤，上诉失败后即陪她去西伯利亚流放。涅赫柳多夫的行为感动了卡秋莎。但是为了不损害他的名誉地位，卡秋莎终于拒绝和他结婚而同一个"革命者"结合。这样，男女主人公都达到了精神和道德上的"复活"。

想到了很多，似乎看到流动的阳光，像风，也像音乐，在广袤的大地上翩然舞蹈，化作柳芽上的浅绿、玉兰蓓蕾上的绒毛、迎春花瓣上的鹅黄。虽然我的身体曾被癌细胞侵害得生不如死，但到底萌发了生机。

今天刚好是雨水节气。昨夜下了一阵寒雨，今晨雾气甚重，但随即就放晴了。我在小区里散步，用相机细心地记录着细微的春光：草叶上悬着的露珠，青苔上像极了豆苗的苔丝，杨树的嫩叶是它飞翔的羽翅……一个上午，我都沉浸在柔软的诗意里。

我该给这些照片取一个名字。叫什么呢？"希望"吧。虽然稍显俗气平常了些，但却是我今天这封信的主题啊。

希望是什么呢？如果生活顺风顺水，轻舟万里，就不必有希望。或者说，如果目标是立等可取，投进一枚硬币就落下一瓶可乐，一切顺理成章，希望就显得平淡。而唯有境况急转而下，身陷困境，乃至绝境，却依然对前景有乐观的估计，这才叫做真正的希望。

在希望的深处，是相信事情能够好转的信念。无论目前处境是多么恶劣或不确定，却相信事情可以变好。在我生病之时，虽然起初也曾灰心、怨恨，但渐渐的，希望就占了上风，希望支撑着我，让我免于在绝望中崩溃。

对于你而言，希望是你目前最重要的积极情绪，请和我一起，去领略它，了解它，欢迎它，拥抱它吧。

二、为什么林黛玉总是看到愁云

《红楼梦》的第七回，有这样一个片段，说的是周瑞家的奉了命，拿着御赐宫花，去送给贾府里的各位小姐。

此时黛玉不在自己房里，却在宝玉房中，大家解九连环作戏。周瑞家的进来，笑道："林姑娘，姨太太叫我送花儿来了。"宝玉听说，便说:"什么花儿?拿来我瞧瞧。"一面便伸手接过匣子来看时,原来是两枝宫制堆纱新巧的假花。黛玉只就宝玉手中看了一看,便问道:"还是单送我一个人的,还是别的姑娘们都有呢?"周瑞家的道:"各位都有了,这两枝是姑娘的。"黛玉冷笑道:"我就知道么!别人不挑剩下的也不给我呀。"周瑞家的听了,一声儿也不敢言语。

周瑞家的"一声儿也不敢言语",心里定然是生了厌烦。毕竟,人家送来宫花,原是一片好意,可黛玉的目光独特,没有看到好意,却看到了歹意。黛玉的确是聪明人,看清了自己在贾府的地位。可是,这种思维方式,怎能不令她体弱多病,多愁善感?

所以我们就很想知道,为什么有人喜欢这样自讨苦吃,愿意看事情的消极面呢?

其实,这是人的正常心理,叫"负面偏好",也就是说,人会更多地注意负面信息和事件。美国心理学家罗伊·鲍梅斯特(Roy Baumeister)等人写了篇48页长的论文,题目就叫《坏比好强大》,总结了这些研究:坏事比好事对人的影响要大。

举个简单的例子,如果你捡到一百块钱的高兴劲儿,和你丢掉一百块钱的难过劲儿哪个大?一般来说,是丢钱的影响更大。

鲍梅斯特等人也讨论了负面偏好形成的原因。

人类在漫长的进化史里,生活一直艰难。赵昱鲲总结说:"坏事对我们的生存和繁衍的影响更大。如果我们没注意到一件好事,比如没看见村东口结了一树好果子,那当然很遗憾,但也许还能到村西边填饱肚子。可如果你没注意到一件坏事,比如没看见村东口草丛里埋伏着一头饿虎,那你恐怕就没机会再去村西边碰运气了。"

可见,负面偏好一直保护着我们,有效地帮助我们生存和繁衍。但到了信息时代,这种偏好不再那么有用。为什么这么说呢?我们的祖先住在一个部落,每天遇到的人和事都极有限。而我们现在呢,早上起来，摊开报纸，打开电视，或是浏览一下手机，都会发现无数的坏事。

公司里有个姓王的年轻人，已结婚，却坚持丁克。

"小王，你怎么不要个孩子？"

"孩子？"他瞪大眼睛，头摇得像拨浪鼓。"坚决不考虑。"

"为什么呀？"

"你想啊，咱们吃的是地沟油，吸的是二恶英，喝的是农药水，拿着非洲的工资，应付着纽约的物价。唉，就不让下一代遭罪了。"

好吧，他说的都是事实，我们的报纸上充满了这样的消息。但报纸的特点是，把一国、一省的坏事，都浓缩在一张纸上，让我们头脑里的原始人误以为，这就是咱们村里的事情，于是内心惶惶不安。

其实，我们身边的世界远没有如此危险，曾经让我们躲避危险的利器——负面偏好，现在让我们焦虑不安。

那么，我们怎样才能减少这种负面作用呢？

三、训练大脑，看到更多希望

威廉·詹姆斯说："我所体验到的就是我想注意的事物。"

在日常生活中，信息铺天盖地，争夺着我们的注意力，让我们穷于应付。所以，为了应付这些超负荷信息，我们的大脑有一个过滤器，就像电子邮件的垃圾邮件拦截器一样，删除有害且不重要的信息，只让最相关的信息进来。

心理学上有个著名的实验，研究人员让志愿者观看一组篮球队员传球的录像。一队穿着白衬衫，一队穿着黑衬衫，他们互相传球。志愿者必须数出白衣队员传球的数量。大约过了二十五秒钟，有一个扮成大猩猩模样的人径直从屏幕的右边走到左边，持续时间为五秒钟，而此期间篮球队员一直在传球。之后，研究人员要求观察者写下他们

计数的传球数目,并回答一个问题:

"你注意到屏幕上有什么不寻常的事物了吗?录像中除了6名球员,你是否还看到了其他人?你注意到那只巨大的猩猩了吗?"

不可思议的是,在心理学家对两百多人进行的实验中,几乎一半人完全没有看到大猩猩,那只逗留了五秒钟的大猩猩。

原来,他们在专心地数传球次数,神经过滤器却把大猩猩的图像扔进了垃圾邮件文件夹里。该实验展示了心理学家们称之为"无意视盲"的现象。如果我们不注意,就算近在眼前,我们也看不到它。这一结论也意味着,我们会错过大量被认为"显而易见"的东西。

如果我们的大脑拦截器删掉积极面,那我们就只好与积极快乐无缘了。

所以,我们要训练大脑,让那些对我们未来有益的信息进来,比如那些让我们更有适应力,更有创造力,更有动力的信息,我们要积极吸收,使我们心情愉悦,学业进步,人际关系和谐,并发现更多发展机会。

那么,如何锻炼呢?一个最简单,也最好的方式,就是记录每天在你的学习中、生活中发生的好事情。这听起来似乎有些做作,或者有些可笑。但是十几年的实证研究证明,这种方式会对我们大脑产生深远的影响,让我们看到生活中的积极面。

四、心灵体操:每天三件好事

在以后每天晚上临睡前,都请你花十分钟写下今天的三件好事,以及它们发生的原因。这三件事不一定要惊天动地("今天下午打球真开心"、"我网购的新书到了"),也可以是很重要的("我考试得了前三名"、"她……今天对我微笑了")。

在每件好事的下面,都请写清楚"它为什么会发生"。

今天的好事	它为什么会发生
今天下午打球真开心	我球技好，人缘也好。
我考试得了前三名	那还用说，咱聪明又用功呗。
她……今天对我嫣然一笑	我的优秀终于吸引到她了，耶！

写下生活中好事的原因在一开始也许会让你觉得有点儿别扭，但请你一定要坚持一个星期，它就会逐渐变得容易了。一般来说，一个月后，你会更少抑郁、更幸福，并会喜欢上这个练习。

五、乐观的解释风格，让我们抗逆生长

史铁生在《昼信耶稣夜信佛》那篇文章中写道："佛看这人间不过是生命恒途中极其短暂的一瞬，就好比大宴上的一碟小菜，大赛前的一次热身，甚或只是大道上的一处泥潭。佛的目光在无始与无终之间，对于这颗球体上千百年来的蝇营狗苟，对于这一片灯红酒绿的是非地、形同苦役的名利场，说到底，佛是一概看不上！……佛所以是最好的心理医生，因为他从根本上否定了人的市场价值，坚定了生命的恒久价值。"

当我们上升到佛的境界，就像站在宇宙的高度看人世，那么高低、成败，都并无区别了，那真是范仲淹所谓"宠辱皆忘"，陶渊明所谓"忘怀得失"啊。

可是，为什么这样的安慰，对于我们而言并无多大效果呢？考试的失败，朋友的反目，境遇的不顺，闭上眼睛，或许能暂时逃避，有时就算知道"三件好事"，心里还觉得温暖。可那些坏事还是横亘在我们面前，岿然不动，难以摇撼。

虽然大部分人在面临一个又一个挫折后确实感到沮丧和无助，但总有少数人似乎是免疫的，无论他们面临什么困难，总是能够东山再

起。塞利格曼发现他们都用一种积极的方式来解释事件——乐观的"解释风格"。

所谓解释风格,即我们如何解释过去事件的性质,它对我们的快乐和未来成功有着重要影响。

解释风格有三个重要维度:永久性、普遍性、个人化。

(一)永久性:偶尔VS总是

好事发生:(这次考试成绩不错。)	乐观	我成绩进步,是因为我聪明,努力,做好了足够的准备,下次考试我还能考好。
	悲观	我成绩进步,是因为我努力,恰好题目又都是我会的。下回考试,可就很难说了。
坏事发生:(考试考砸了。)	乐观	今天考试我发挥不好,相关的知识没掌握好。
	悲观	我真笨,永远也考不好,读书根本没什么希望。

(二)普遍性:特殊VS一般

好事发生:(语文考试成绩不错。)	乐观	我很聪明,学习对我来说不是难事。
	悲观	我对语文很在行,其他科目则未必。
坏事发生:(数学考砸了。)	乐观	数学考试没考好,掌握得不扎实。
	悲观	我什么科目都学不好。

(三)个人化:内部归因VS外部归因

好事发生:(语文考试成绩不错。)	乐观	我聪明,也努力了,所以考得好。
	悲观	这份试卷很容易,所以我考得好。
坏事发生:(数学考砸了。)	乐观	这份试卷太难了,超过要求了。
	悲观	我真笨,怎么也学不好。

总之,有乐观解释风格的人把逆境解释为特定的和暂时的(还不是那么糟,事情会变得更好)。而有悲观解释风格的人把这些事情看做是普通的和永久的(真是太糟糕了,永远也改变不了)。他们的信念直

接影响着他们的行为。相信后者的人陷入无望，相信前者的人在激励下表现得更好。

所以，我们要积极地改进自己的解释风格。

当然，在内外部归因方面，总是做外部归因，虽然会比较乐观，但久而久之，容易养成遇事推诿的坏习惯。所以，人不能全然乐观，偶尔的悲观，能让我们更显踏实，因为我们最终的目标，是做到抗逆生长。

一般来说，在挫折面前，摆在我们面前的有三条心灵成长之路：

第一条，原地打转。挫折没有产生任何变化，心灵遇到天花板，就不再成长，苟安压倒进取。世间之人大多如此。

第二条，裹足不前。挫折之后，害怕挑战，人生格局日渐萎缩，塞利格曼称之为"习得性无助"。

第三条，抗逆生长。经历挫折，心智更为成熟，实力更为强大，宛如蛰龙破壁，乘云腾空。

其实，能否抗逆生长，有赖于如何看待我们手里的牌，若能对事件积极重读，乐观、接纳，发现不足，积极弥补，发现机会，就能向阳生长。这样的人，利用了逆境，发现了前进之路，并且使内心更为强大，更为沉稳。

清代的蔡岷瞻曾说："明只一帝，太祖高皇帝是也；明只一相，张居正是也。"明朝皇帝大多荒唐：有迷恋修道的，有喜欢木工的，也有数十年不上朝的。可王朝居然也能延续二百七十六年之久，全赖明初设立的"内阁制"，选拔杰出人才，替皇帝分忧。

在众多阁臣之中，张居正的成就最为突出，被后世评为"有明一相"。很多史家认为在大明王朝二百七十六年的国祚中，最后的七十六年全赖张居正一人之力才得以延续。

张居正之所以能有如此的成就，与他少年时的传奇经历密不可分。他自幼聪慧，两岁认字，十二岁便中了秀才，是时人眼中的神童。就连当时的湖广总督顾璘也对他"许以国士，呼为小友"，两人成了一对忘年之交。顾璘把十三岁的张居正请到家里做客，以成人之礼盛情款待，还把自己的儿子叫了出来，指着张居正说："这就是我经常给你们提起的江陵第一神童，以后一定会成为国之栋梁，将来你们去投靠他，可以成就一番事业。"

十三岁的张居正参加了当年的乡试，在考试前写了一篇名为《题竹》的诗作："绿遍潇湘外，疏林玉露寒。凤毛丛劲节，直上尽头竿。"自比为凤毛麟角，立志直上青云，成就一番功业，充满了自信、霸气，但主考官顾璘也从中读出了这位少年的自负和高傲。

于是乡试结果公布时，才子张居正居然落榜，让时人极感意外，张居正也沮丧且不服。

顾璘亲口告诉张居正："是我坚持不录取你。"就这么简单的一句话，也没有多做解释。一个心高气傲的十三岁少年居然表现出了异于常人的冷静和理解力。他不但没有怨恨顾璘，反而非常感激顾璘的一片苦心，终生都把顾璘当成自己成长道路上的精神导师。在后来的回忆中，张居正说道："我当时年龄还小，不知道将来会有怎样的发展，但是我知道顾巡抚是真正为我着想。在之后的这么多年中，我一直想报答他的恩情。"

其实，这时的张居正经历人世沧桑，宦海沉浮，早已明白，若是自己少年得意，一帆风顺，必然目中无人，难以合群。而要成为栋梁之才，孤傲、狂狷都是不适宜的，要想在政治中有所作为，须懂得世事洞明皆学问，人情练达即文章，顾璘执意促成了张居正的落榜，旨在让他从挫折中汲取人生的经验教训。

张居正用自己的解释风格，把逆境变成了一次成长的机会。我们也一样，当我们发现自己感到无助、无望之时，一定要记住，面前有三条路，是原地打转、裹足不前，还是抗逆生长。然后，我们的任务就是找到第三条路。

好了，信就写到这里，你可别忘了，一定要练习"三件好事法"。最后，我们来分享一句话："从牢房的铁窗看出去，有人看到黑暗的土地，有人看到了璀璨的繁星。"谈谈看，你对此有何感想？

祝福你。

深爱你的
倪甫清
2月23日

杨略读完了信，开始练习"三件好事"，生活里渐渐透入了几丝阳光。他的心绪逐渐平静了些。一想到葛怡，当然也很痛苦，可是毕竟减轻了些。毕竟，支撑着他的生活的，还有其他柱子。比如，今天看了爸爸的信，获得了极大的启发；昨晚也睡得还不错；另外，他还写了几句动人的诗。这些都让他感觉美好。说到诗，他最近给葛怡写了几首好诗。其中一首是这样的：

坐在喧闹的教室里给你写诗
我想试验一下，如果全心想你
能不能让周围缓缓变得宁静
变成凝结的音符，轻盈如云

啊，对于爱情我何其低能
冰山千仞，我讷讷地露出表层
更多时候，我只能用心感受你
闭上眼睛，遥听你的呼吸

每一次，都引起甜蜜的潮汐
以及退潮后广袤的冷寂

剩下彩贝数枚,你轻轻拾起

你会将贝壳连成一串,编成岁月
还是随意散落,如满天星
每一颗都映着你,无声无息

他默默地反复修改,反复吟诵,被自己的纯情所感动,到后来,他居然享受这种凄凉、纯净的情意了。哀愁出诗人,这话倒也不假。他甚至觉得,经过这一事,他成熟了不少,比如,他又写了这样的句子:"谁说冬日总是凝敛着愁雾惨云,谁说晚照只应属于苍凉的萧笙。即便垂柳剥落一年辛勤的积蓄,树枝间犹自流动着凉滑的幽芬。"在结尾处,他似乎提炼了一点人生哲理:

生命若有创伤必有温馨的回偿,
泪水与笑颜方铸就完整的人生。

写这首诗的时候,他模仿的是普希金,工工整整写了十四行,虽说有点做作,但心里挺得意。他的心灵在诗歌的熏陶下,渐渐恢复了起来。所以,日子尽管有些压抑,但毕竟一天一天过着。再大的伤痛,随着时间流逝,他也觉得慢慢习惯了,接受了。

葛怡对杨略也会说说话,但态度还是冷淡的。兴许,是自己的成绩下降,让葛怡觉得失望吧。兴许,是自己脸上冒出了青春痘,让葛怡觉得不快吧。

说起来也无奈,最近他心情抑郁,睡眠不佳,原本光洁的额头、脸颊、下巴,很是冒出一些红包包,此起彼伏,总不断绝。即便好了,也留下深色的疤痕。这让他很是感到沮丧。有时和同学对话,当他意识到别人在盯着他的额头,就极不自然,心里也会压抑一阵。

不过，人家从铁牢里能看到星空，而自己呢，该看到什么？应该是看到大学吧。大学意味着什么呢？曾泉的答案最有代表性：

"大学啊就是身后没皮鞭，心里没负担。上课是想听就听，不想听就拉倒。旅游是说去就去，恋爱是想爱谁就爱谁。真是春有百花秋有月，夏有凉风冬有雪。真是春风得意马蹄疾，一日看尽长安花。"

虽说镶嵌了这么多诗句，说得不伦不类，虽说大学还意味着就业，但高三生连近忧都没解决，就无心顾及远虑了。熬吧，熬过去就好了，彼岸是幸福的天堂啊。

大家伙都这样默默地想。

当然，有一个人是除外的，那就是祁月。

第三章

人在年轻时必须有所追求，有所执着，对人生投入极大的热情，将自己的潜能发挥到极致，才能活得精彩。不经世事而力求超脱，只能是一步登天的妄想。当一个人在做自己喜欢的事情，专注，热忱，并感觉到真实的自我。此刻，他更真正地成为他自己，更完善地实现他的潜能，成了更完善的人。这样的人，不会为求功名不择手段，不会贪图享受，他们才是实现社会可持续发展的中坚力量。

有句话说得好，你可以像猪一样懒，但没办法像猪一样懒得心安理得。可祁月似乎能做到这一点。她原先只是容光焕发，对学业不太专注，几周之后，情况越发坏了。她上学开始迟到早退，作业能拖就拖，实在拖不下去了，就一抄了事。考试成绩自然不佳，但她似乎也不在意，照样喜笑颜开。此外，向来不修边幅的她，最近越来越注意仪表，穿戴也时尚光鲜了许多。有一天她走进教室，脸上的痘印也不见了，仔细一看，原来是擦了粉，但手段不太高明，粉擦多了，脸就显得惨白惨白。

杨略就坐在祁月的身后，自然发现了异样，趁着祁月中午不在，就召集了几个哥们儿。他特意也叫上了葛怡。毕竟，关注共同的朋友，的确是接近葛怡的最佳机会啊。

"我说各位，大家发现了没有，祁月最近很不对劲啊。"

"是有点反常。"葛怡把上课时祁月的种种表现说了一遍。这次，她出于关心，似乎把自己与杨略间的芥蒂忘记了。

曾泉咧着大嘴，坐在那儿，腿是一抖一抖的。

"担心个头啊！这叫十八少女芳心动嘛……嘿嘿……"

"就她？哈哈……"陶坷坷一屁股坐在杨略的桌子上，双手插兜，摇摇头，一脸的戏谑。话是没往下说，但大伙儿分明都听见了：嘿嘿，就她那体型，那满脸的痘印……哪个小子这么不开眼啊。

葛怡抬起手，作势要打他："坷坷，你就积点口德吧。"

陶坷坷一脸的无辜和惶恐。

"我，我什么都没说啊。"

"你是没说，心里可全说了。"

"哟，葛大小姐会读心术，"陶坷坷捂着胸口，眼睛睁得老大，"那，那我说什么了？"

"你说……说……反正是狗嘴吐不出象牙。"

陶坷坷憋不住了，脸上绽放出调皮的光芒来。

"哈哈，这说明啊，你也是这么想的，对不对？"

葛怡脸上露出尴尬的表情。祁月是她同桌，也是好友，本不该这样损她。

杨略给她打圆场了。

"别闹了。你们都上过那个心理保健课吧，这祁月性情大变，可不是好兆头。"

曾泉大摇其头。

"你啊，真是杞人忧天！好像人家祁月就该整天哭丧着脸似的。"

陶坷坷也说："就是，这狗尾巴花也有个春天啊。"

葛怡又在责怪陶坷坷口不择言了。

正在这时，祁月蹦跳着回来，辫子一甩一甩，嘴里叼了根棒棒糖，虽说体型略显臃肿，但依然是一副青春少女的活泼模样。走到他们面前，欢快地问道："你们在说什么呢？"

"在说你呢！"曾泉到底嘴快。

"哦，说我什么坏话？"

"哪敢啊……"

"嗯？是敢怒不敢言？"

"不不不，就说你春光灿烂，朝气蓬勃，这是有喜啊……"

一记八卦掌就脆生生地劈在曾泉的肩膀上。

"你才有喜呢！"

曾泉轻轻给自己掌了嘴。

"嘿，瞧我这张嘴，话都说不利索。我是说，你这是有喜事啊。"

祁月顿时笑逐颜开。

"那当然！"

陶坷坷也来了兴致。

"跟我们说说看，是哪家的帅哥啊？我们帮你把把关。"心里却在想：是哪位兄台品位这么独特，倒要见识见识。

祁月一脸的不屑，用手指点了点几个男生，摇了摇头。

"你们啊，唉，too young too simple，整天想着那点事。"

"好，您不 young 也不 simple，那您的喜事是……"

"真想知道？"

众人都在点头。

祁月一脸神秘，眼睛定定地一个一个看过去，然后缓缓地吐字。

"你们看到的我，真的还是我吗？"

这话一说，众人面面相觑。

过了半晌，曾泉说："你，整容了？"大家都暗笑：哪个整容医生技术那么差，估计得关门歇业了。

祁月摇头。

陶坷坷忽然一拍桌子，作恍然大悟状，指着她。

"你中彩票了！快，快，请客！"

祁月依然摇头。

她的一番故弄玄虚，让杨略心里也有了极大的好奇。

"那你是收到国外大学的录取通知书了？"

他是当玩笑话说的，谁知祁月的脸上骤然绽放出笑容，还打了个响指："Bingo！"

陶坷坷顿时大受打击。他是立志要去德国留学的。

"我这都没敢申请呢，你悄没声的，怎么就申请成功了？你这是闷声发大财啊！"

葛怡一把抱住她。

"真的吗，祁月？"

可祁月依然摇头，脸上保持着笑意。

"那到底是怎么回事呢？"

"你们看到的我，眼前的我，还是原来的我吗？"

得，又回来了。陶坷坷等人失去了兴趣。此时上课铃响了，就各自回到座位。而祁月依旧喜滋滋地看着天花板和窗户，与周边凝神静气的同学相比，真是飘飘然有超凡绝俗之感。

下午的课结束了，葛怡和祁月去打羽毛球。路上葛怡不免又追问了几句，祁月靠近了她，轻轻地说：

"葛怡，其实，你看到的我，并不是我。"

"祁月，你又来了。"

"我的意思是，我，不是现在的我。"

"……"

"你不懂？"

"不懂。"

"那我告诉你实话，可千万不要告诉别人。"

"好。"

祁月在葛怡耳边轻轻地说。

"我……穿越了。我是从6月9号穿越过来的。"

"啊？"

看祁月一脸的认真，葛怡觉得她要么是开玩笑，要么就是脑子真出问题了。

"你知道6月9号意味着什么吗？"祁月一脸神秘地问。

"高考结束了，我们解放了。"

"没错！"祁月的眼睛里露出狂喜的光芒，"你终于理解了。我就是从那时候穿越过来的，顺便，我还带来了高考答案，全部哦！"

"你怎么带来的？"

"全在脑子里。"

葛怡愣了半响，不知该怎么接茬。

"难怪你都不听课了。"

"那当然！有了高考答案，谁还去听课啊。葛怡，这事我告诉了你，可别说出去。咱俩关系好，到时候我会把答案透露给你的，咱们一起考上名校，哈哈——"

葛怡心里莫名地害怕起来，一时拿不准祁月说的是假话，或者是疯话。她希望祁月忽然扑哧一乐，就像愚人节常玩的那套把戏一样。可祁月一直在畅想，而且眼神无比愉悦和真挚。

葛怡忽然想到了一个破绽，可以试试祁月说的话到底属于哪一类。

"祁月，如果你是三个月后的你，那现在的你藏哪里去了呢？"

祁月猝然一惊，微笑凝在脸上，眼睛瞪得老大，思考了很久，脸上渐渐退去了血色，变得苍白可怕，嘴里不自然地抖动。

"对啊，现在的我呢，到哪里去了？肯定在家里。不对，我早上刚从那儿来，根本没看到。在学校？还是在街上？她，她，不，是我，我到哪里去了？"

她看上去很不安，一会儿捂着脑袋，一会儿又前后徘徊，眼睛四处乱瞧，凄凄惶惶的无所适从，嘴里絮絮叨叨说个不停，声音越来越轻，最后一转身，往体育馆的方向走了。脚步很急，很飘。葛怡看她不对劲，赶紧跟上去，一把拽住她。

"祁月，我是逗你玩呢，你不就是你吗？"

"不，你不懂穿越的原则，要是现在的我丢了，出事了，那以后的我都会消失。我……你别拉我……我要去把我找出来。"

葛怡快要哭了。

"祁月，你别吓我！你，你别玩了！"

可祁月对她不理不睬，猛力挣脱了她的手，径直朝前走去，一路往树丛里张张，向角落里望望，连垃圾箱的盖子也掀开看看，嘴里不住嘀咕："不在这里……不在……我，我去哪儿了？……"

葛怡一时六神无主，心里又极害怕。因为在这一刻，祁月就像一个失去控制的怪物一样，显得无比陌生而恐怖。她没有办法，就想要找个人来帮忙。可她刚才是在打羽毛球，所以连手机都没带。她只好跑到一旁的小卖部，拿起电话机。可是打给谁呢？照理说，她该告诉欧阳老师。可她只记得杨略的手机号码。

她犹豫了一下，终于还是拨了过去。

杨略在篮球场上知道了情况，也丝毫不敢怠慢，打电话给欧阳老师，打了报告，就跑到运动场与葛怡会合。

"祁月呢？"

葛怡看到他来，心情安定了些。

"她往体育馆那边去了。"

于是，两个人一路小跑，体育馆里却没有，体育馆旁边就是教学楼。杨略眼尖，透过他们教室的窗口，看到有人爬上椅子，去够那个黑板上方的挂钟。而看衣服的颜色，应该是祁月。他们气喘吁吁地跑上楼梯，教室的门却被锁紧了。透过楼道边的窗户往里看，只见教室里只有祁月一个人，站在椅子上，给挂钟调了时间和日期，又挂回原处，然后从椅子上跳下来。

"祁月，祁月！"葛怡拍着玻璃，大声地喊。

祁月转过脸来，显然是听到了，却并不理会，闭上了眼睛，嘴里在默念着什么，忽然睁开眼睛，小跑了几步，一头撞在了墙上。

葛怡尖叫了一声。

祁月摸摸额头，似乎晕了一会儿，往四周看了一圈，发现葛怡和杨略还在窗外，脸上就露出绝望的表情，并且惊慌地哭起来。过了一会儿，她似乎定了定神，看看挂钟，又闭上眼睛，嘴里絮絮叨叨，念着什么咒语，然后，看她的样子，又要去撞墙了。

葛怡和杨略一起大喊："祁月，不要啊！"

正在这时，欧阳老师到了，身后还有几个保安。他用钥匙打开了门，冲进去，一把将祁月拦腰抱住。

"放开我！放开我！"

祁月像一头困兽一样，拼命挣扎，双臂乱挥乱打，脸上糊满了眼泪，声嘶力竭地叫道："我要回到一个月前去，要不然，我就找不到我了！"

欧阳老师和几个保安压根就听不懂，几个人一起动手，又是抓胳膊，又是抬腿，将奋力挣扎的祁月架到办公室里去，按在了椅子上。祁月还在不停地喊叫："求求你们，让我回到一个月前去。"

欧阳老师累得气喘吁吁，回头问杨略和葛怡："她这是怎么了？"

葛怡把事情经过说了一遍。

欧阳老师还是一头雾水，但基本确定了情况，就拿起手机，给医院打了电话。从他急促的话语中，杨略和葛怡听到"妄想"、"没有自知力"之类的词语，心里越发着急。因为他们上过心理健康课，知道这是精神疾病的表现。

祁月终于累了，瘫倒在椅子上，嘴里有气无力地念叨着。

不多时，就来了一辆救护车。祁月不愿去，但几个身强力壮的男护士架起她，从办公室出来。祁月大声喊救命，一路挣扎，死命地蹬腿。全校的师生都站在走廊上看，但她终于在寒风中被塞进救护车了。

随后，从欧阳老师的嘴里，大家得知了一个消息，祁月被怀疑是精神分裂了。

"每年两个。还有一个是谁呢？"

一条小道消息在各年级悄悄蔓延，大家都在起劲地议论。据说，近几年里，学校每年里都会冒出两个不正常的学生，要么是"神经病"，要么是自杀的，其中又以高三学生为主。你瞧，今年才一开春，祁月就占了个名额。

但精神分裂毕竟不是传染病，所以大家觉得与己无关，并不恐慌，反倒有种猎奇的刺激感，个个脸上浮现出兴奋的神色。

只有杨略和葛怡等人觉得忧伤难言。他们与祁月朝夕相处，虽说祁月一直抑郁寡言，但到底是个乖巧的女孩，做起手工艺品来十分拿手，十字绣的手机套啊，针织的茶杯垫啊，剪纸啊，都极精致，做好了常常送给大家。只可惜她成绩不好，一切特长都只是邪门歪道，自不免倍感压力沉重，前途无望，心里淤积着太多阴郁的毒素。

葛怡说："其实，我们有谁敢说，自己的心理绝对健康呢？"

杨略也叹了口气，点了点头，静静地注视着葛怡。葛怡也发觉了，与他静静地四目相对，然后又静静地转过脸去。

第二天，欧阳老师开了个班会，脸色沉重地说起了祁月的事情。

"昨天，祁月去了医院，吃了点药，神智清楚了。还好，她的情况不严重，过几天，就能出院了。不过，作为老师，我没有好好保护她，真的感觉很难过，很歉疚。"

他说，祁月是个农村孩子，家境贫寒。但她很争气，从小学到初中，成绩极好，一直是学校的状元，得到了老师的青睐和同学的羡慕（或许还伴随着疏远），这令她深感自豪。逐渐地，成绩也是她唯一的精神支柱。她成了真正的精神贵族。家里穷一点怕什么？我有成绩！相貌一般怕什么？我有成绩！没什么朋友怕什么？我有成绩！

她凭借着这种精神优势，一直升到了高中，满怀憧憬地来到全省数一数二的学校。忽然，她发现自己的优势不见了。在成绩方面，她只能排到一百来名。在文体方面，她啥也不会。而身边同学个个优秀，有人满口流利英语，而她的英语还带着地方口音。有人对历史掌故如数家珍，而她只记得历史书的那一点。还有人钢琴舞蹈都很在行，而她从未摸过琴键、穿过舞鞋。好吧，她会做手工艺品，可是，这个与高考可没有什么关系啊。

于是她一下子就懵了，优越感荡然无存，精神支柱摇摇欲坠，陷入了抑郁沮丧之中。

或许她为自己的出身深感自卑，觉得如果自己生在城里，父母都是博雅的知识分子，她必然也会琴棋书画样样都会，外语更是说得流利。或许她深夜里默默哭泣，因为看不到前途。

她的处境非常困难。因为自卑，抑郁，很难和现在的同学交心。而她以往的同学，又因为她升入名校，地位变得悬殊。如果她还去倾诉，说自己心情不好，就好像嫁入豪门而向穷姐妹抱怨鲍鱼龙虾太腻味一样，难免遭人饱含嫉妒的讽刺。

于是她陷入寂寞，只能抱着课本，不住地学习，做题，学习，做题。可是，在压抑的情绪中，学习是件艰难的事情。她找不到乐趣，只凭借着意志力，像攻克堡垒一样，孤独地向各门学科发出冲击，但她的排名并没有进步，这又加重了她的抑郁。

这些负面情绪在心里压抑得久了，慢慢熬成了一锅毒汁，无处释放，就一点点腐蚀着她的心灵。终于有一天，刺激性事件发生了，像催化剂一样，让她产生了幻想。这个刺激，或许就是期末考试的成绩。

"大家还记得前段时间教室里的怪事吧，现在都有答案了。祁月幻想自己能穿越，也不知道她是从哪部电影中得到了灵感，似乎只要挂钟调到6月9号，然后借助电火花，或用头撞墙，就可以穿越。有一回，插座短路。又有一回，她伤了鼻子，墙上的血迹就是这么来的。后来，她认为自己成功穿越了。"

大伙听了，这才恍然大悟，又觉得这实在是荒诞至极。

"唉，祁月是个多么可怜的孩子啊。"欧阳老师感叹了一声，"我们给她的关爱太少了。"

同学们也都觉得惭愧，尤其是曾出语讽刺过祁月的那些人。陶坷坷、曾泉也都在其列。

中午时分，杨略打电话回家，和爸爸说起了祁月的事情，让爸爸也很是感慨了一番。于是，过了两天，他就收到了爸爸的来信，对祁月的事情做了一番探讨。

第三课　打造不可替代的优势

略略：

见字如面。

我听你说了祁月的事情，心里很难受。但说实话，高中生都是心理问题程度不等的祁月。如果我们能够及时减少负面情绪，增加积极情绪，那情况会好很多。

我从你的描述中，发现祁月核心的心理问题，就是自卑。

这让我想到了一些往事。刚刚大学毕业时，我偶尔与一位富二代吃饭。他与我同龄，但出身却有天壤之别。他父亲下海很早，经营着几家大公司。他高中一毕业就做了父亲的帮手，也很能干，挣钱如江河滔滔，花钱若滔滔江河，不免意气风发，加上生得眉目清秀，在饭桌上觥筹交错，真是少年得志，谈笑自如。而我恰好坐在他旁边，穿一身暗灰的衬衣，自惭形秽，肢体僵硬，如坐针毡。

直到饭桌有一位长者问我："小杨，你是哪所大学毕业呢？"

我如逢大赦，说出了校名，顿时赢得众人目光的赞许，心里顿时舒坦多了，毕竟那个时代大学生还是稀罕物。我下意识地瞧了富二代一眼，脑子里闪现出那本名牌大学的毕业证，而这是他所没有的。

很可笑，对不对，原本是吃饭、交流，而我满脑子想着毕业证，用它支撑我可怜的自尊。

你有过这样的体验吗？试想有一天，饭桌上端坐一位高考状元，接受大家的崇拜，你会不会也觉得自己身子在缩小，缩得很小，恨不能做个隐身人呢？或者，你也和我一样，找到自己的优势，作为挡箭牌，抵抗各种无形的压力呢？

如果没有，你将陷入一种情绪体验，那就是"自卑"。别人的耀眼光芒，就像一张结实的网，死死地缠着我们的心脏。心脏是柔而无骨的，就被那张网挤迫得越来越小，让我们艰于呼吸视听。

这么糟糕的情绪体验，为什么在长期的人类进化史中没有被淘汰呢？如果存在即合理，那它的合理性又在哪里？

一、自卑感的两面性

其实，自卑感与我们如影随形。试想人刚出生之时，柔弱无助，面对陌生世界，唯有哭啼索抱，须在父母羽翼庇佑之下，才可存活成长。等我们稍微懂事一些，更是对大人无比崇拜：那么重的东西，大人一下子就提起来了；那么宽的沟，大人一下子就跨过去了；那么厚的书，大人居然也能看得懂。因此，与大人一比较，自卑感就成了小孩的常态。也正因如此，当我们第一次独立旅行，第一次挣钱，甚至第一次买车、买房，心里都会无比喜悦，因为这在以前是只有"大人"才可以做的，的掌控感，让我们油然而生自豪之情，原先的自卑感逐渐被我们摆脱。

但世界那么大，总有人比我们成绩好，比我们漂亮，比我们能歌善舞，让我们相形见绌，内心失去平衡。为了维持平衡，我们就要采用行动。阿德勒在心理学名著《超越自卑》一书中说："自卑感是人格发展的动力，自卑会造成紧张，心里感觉不适，督促我们行动以摆脱这种处境。每个人都会做出这种努力。"

于是，当我们感到自卑，甚至觉得嫉妒，先不要着急。因为这意味着我们对自己的处境还不够满意，我们有更好的需求。而让我们自卑的，嫉

> **知识点链接：**
> 《超越自卑》是人类心理学先驱阿弗雷德·阿德勒的巅峰著作。在书中，作者提出：每个人都有不同程度的自卑感，因为没有一个人对其现时的地位感到满意；对优越感的追求是所有人的通性。那些自幼就有器官缺陷或被娇纵、被忽视的儿童，以后在生活中容易走上错误的道路；家长和教师应培养他们对他人、对社会的兴趣，使他们真正认识"奉献乃是生活的真正意义"。这样，他们就能够从自卑走向超越。

妒的，恰好就是我们想要的。

　　因为感到自卑，所以我们知耻后勇，努力学习，逐渐变成成绩优良的学生。因为感到自卑，我们的国家励精图治，发展经济，整顿政治，力促文化，渐渐成为实力雄厚的大国。因为感到自卑，我们人类发明各类工具，所以有了科学的兴起与发展。

　　于是，阿德勒感叹道："自卑本身是正常的心理状态，从某种意义上说，它正是人类向前推进的动力。从个体心理学看来，甚至可以这样说，自卑是人类全部文化的根基。"

　　略略，你看到这里，肯定会大大疑惑了。我怎么给自卑唱起赞歌了？而你分明看到，自卑已压垮了不少人呢。原因其实很简单，不是自卑本身有问题，而是他们摆脱自卑的方式有问题。

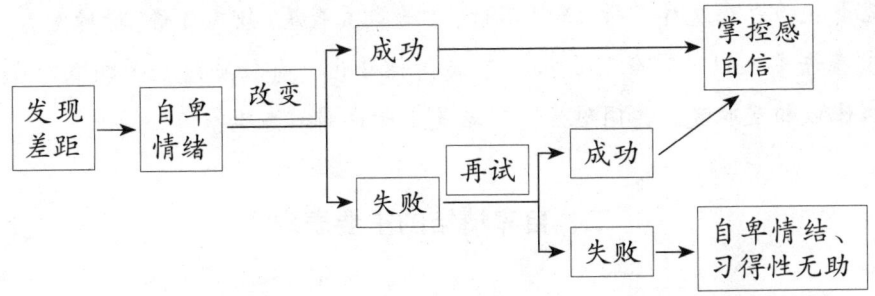

　　从图中可见，我们平常所说的"自卑"，其实并非简单的自卑情绪，而是一种"自卑情结"。当一个人的自卑感愈积愈多，而造成自卑感的情境依然一成未变，问题也依旧存在时，他会觉得无能为力，以自轻自贱来自我麻痹，这便是自卑情结，有学者也称之为"习得性无助"。

　　1967年，美国心理学家塞利格曼用狗作了一项经典实验，起初把狗关在笼子里，只要蜂音器一响，就给以难受的电击，狗关在笼子里逃避不了电击，多次实验后，蜂音器一响，在给电击前，先把笼门打开，此时狗不但不逃而是不等电击出现就先倒在地开始呻吟和颤抖，本来可以主动地逃避却绝望地等待痛苦的来临，这就是习得性无助。

　　大象能用鼻子轻松地把一吨重的行李抬起来。但我们在看马戏表演时却发现，这么巨大的动物，却安静地被拴在一根小木桩上。

因为它们自幼小无力时开始，就被沉重的铁链拴在无法动的铁桩上，当时它不管用多大力气去挣，这铁桩对幼象而言，是实在太重的东西，当然动也动不了。不久，幼象长大了，气力也增加，但只要身边有桩，它总是不敢妄动。

写到这里，我想到了祁月，她因为成绩不好而深感自卑，于是不断增加学习的时间，努力改进自己的处境，但缺乏正确的学习方法，结果南辕北辙，成绩始终没有起色，变得自我怀疑，喜欢独居一隅，变得孤僻，不愿与人交往；如果她因为失败而气馁，进而破罐子破摔，放弃任何改变的努力，就陷入"习得性无助"，被浓稠的负面情绪所掩盖。这种体验，甚至会影响一生。如果青少年时期就充满挫败感，长大以后，也会认为自己这样不行，那样不行，于是畏首畏尾，缺乏自信，碌碌无为。现在许多人以"屌丝"自居，崇尚精神矮化，自轻自贱，并纠集一个群体以相互取暖，共同堕落，不也是出于这种心态吗？

二、自卑情结的主要表现

为了看清自己或别人是否陷入自卑情结的泥沼，我们必须了解自卑情结的主要表现。

自卑情结主要表现在对自己的能力、品质评价过低，同时可伴有一些特殊的情绪体现，诸如害羞、不安、内疚、忧郁、失望等。而详细的表现在以下三个方面：

1. 敏感

过分敏感，自尊心强。弱势群体非常希望得到别人的重视，唯恐被人忽略，过分看重别人对自己的评价，任何负面的评价都会导致内心激烈的冲突，甚至扭曲别人的评价，比如，别人真诚地夸他，他会认为是挖苦。他们非常敏感，跟他们交往时，必须谨小慎微，别人不经意的一句话，都会在其内心引起波澜，胡乱猜疑。

2. 失衡

由于种种原因造成的弱势地位，使他们在社会的方方面面都体验不到自身价值，甚至还会遭到强势群体的厌弃。自我价值感是一个人安身立命的根本，丧失自我价值体验，使他们心态失衡，陷入恶性的心理体验之中，走不出这个心理的阴影，就很难摆脱现实的困境。别人欺负他，即使内心不服气，也自认为是正常的，非常认同自己的弱势身份。这种强烈的自卑情结极易导致自杀行为。

3. 情绪化

他们表面上好像逆来顺受，然而过分压抑恰恰积聚了随时爆发的能量。由于他们缺少应对能力，成绩下降、失恋、患病等生活事件很容易导致心理压力。当受到不公正的待遇时，认为别人瞧不起自己，难以忍受，往往产生过激言行。比如有些学生经常为了一点小事大动干戈，拳脚相向。有时当他们无力应对危机时，还会自残，用这种极端的方式表达自己的情绪。

而在厌学学生群体中，有很大部分是陷入了习得性无助感的状态。因为反复经历学业上的失败，自我评价很低，由此开始厌倦学习，认为自己在学习上也不会有所建树。针对这一群体，我们一定要让他们知道自卑情结的成因，并寻找到合适的方法，使其产生自我掌控感，逐渐恢复自信。

三、自卑情结的成因

每天，我们都在说"我"如何如何。其实"我"有分身术，包括了"自己眼中的我"，称为"自我"；"别人眼中的我"，称为"他我"；"事实中的我"，即"本我"。这三个我，各行其是，完全重合的时候，我们感觉到快乐；它们互相偏离时，我们就感到自卑，或者自负。

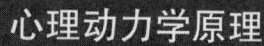

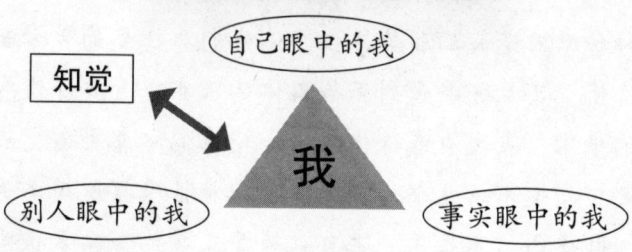

比如我给你来一次专访。

"杨略同学,你认为自己是个怎样的人。"

"我,品学兼优,相貌英俊,文武全才。"

你还在滔滔不绝,我抢过话筒,递给你的同学和老师。

"请问在你们心目中,杨略是个什么样的人?"

于是种种评价层出不穷。

"杨略啊,高富帅啊。"

"他啊,人才一个,长得帅,学习好,篮球打得也好。"

……

然后,我把你的相貌、成绩、各种表现放进资料库里,与同龄人进行对比,结果发现,你的综合得分的确排在前列。

这个时候,你的"自我"、"他我"与"本我"完全重合,你自然会感到满足、自信、快乐。

相反,如果你自认为高富帅,而别人却认为你的脸跟车祸现场似的,打球技术也就是矮子里挑高个,根本不算什么。而事实证明,别人说的是实情。这时,你就是个自负的人。

当然,如果你自认为是矮穷矬,别人却认为你相当优秀,事实你也的确有过人之处,那你的"自我"和"他我"、"真我"之间,自我得分太低,说明你陷入了自卑。

所以,自卑和自负一样,都是对自己缺乏正确的认识。

四、自信的三重境界

自信是我们这个时代首倡的精神。但自信到底是什么呢?

按照基础的不同,我将自信分为三类:依赖型自信、优势型自信、独立型自信。

种类	特点
依赖型自信	缺乏自我认识,时而自卑,时而自傲,惶惶不可终日。
优势型自信	知自身优势,已获相当成就,不卑不亢,积极奋进。
独立型自信	领悟生命真谛,独立天地之间,无所依傍而逍遥自得。

(一)依赖型自信

有些人沉迷于他人的评价。他们的自信像建立在流沙上,一有微风,便摇晃不已。他们缺乏对自己的认识。一些简单的问题:我漂亮吗?我能干吗?都不敢确定。别人的褒扬或批评,成为他们认识自己的依据。于是,正如英国作家阿兰·德波顿所说:"我们的情绪变得难以理喻,一会儿因他人的褒扬而开心,一会儿为他人的漠视而伤怀。同事的一句心不在焉的问候,几次没有应答的电话就可能使我们闷闷不乐;而如果有人记起我们的名字,或送来一只果篮,我们又会觉得生活洒满阳光,人生何等惬意。"

目前社会单一的评价标准,更是让人倍感失落。在学校(尤其中小学)接受教育时,老师往往以成绩高下评判学生的优劣,尽管他们也重视学生的品行,但总是成绩出色者更易脱颖而出。从学校毕业后,社会又以金钱多寡、地位高低来评判一个人的优劣。人的其他特长、兴趣、品格,似乎都被忽视了。于是,我们很难对自己有个正确的判断,于是,不自信的人越来越多,沮丧的人也越来越多。

(二)优势型自信

顾名思义,"优势型自信",就是要有所依靠,有特长,有成绩,得到别人的肯定，进而对自己有个良好的评价。比如说，当你毕业十年的时候，参加同学会，发现当年的同桌生意做得很好，开着价值百万的名车，心里肯定是有些失衡的，但随即一想，这些年你写了不少书，也获得了不少肯定，所得成绩，也不逊色于他，于是就有了底气，言谈举止，也大可不必谦卑拘谨。

也正因如此，虽然我并不赞同精英崇拜，因为每个人都应该做自己。但那些精英的成长历程能给予后来者以启迪，他们通过努力，得到事业的成功，活得更为自信，进而变得宽容大气，我们也一样可以做到。而且在我看来，人生在世，只有闯过这一关，精神才有可能获得升华。

（三）独立型自信

庄子认为，宇宙中万物本是一体。如果人达到与万物一体，这时，人的肢体无非是尘埃；生死终始，无非是日夜的继续，不足以干扰人内心的宁静；至于世俗的得失、时运好坏，更不足挂齿。所以他得到了大自在、大逍遥。

儒家更积极一些，修身总与治国相联系。孟子提倡要"养浩然之气"，意思就是说，遵循内心的道德规范，多行义事，慢慢身上就有了浩然大气，而且内心更为自信，"人不知而不愠"，就算别人不懂得我，不欣赏我，我依然心境平和，不气不恼，这就是君子。

如能修到这种境界，自卑之心自然如轻烟一般，旋即就从心里消散了。这样的人生，自然是最称心如意的。

陈寅恪前后出国五次，遍及三洲，在柏林大学、哈佛大学等名校苦读，却从不曾猎取任何学位，完完全全为读书而读书。而且所学课程，只是冷门的史学和语言学，这也颇让时人困惑。因为当时留学生不少，所学专业大抵是工程、法律、教育、医学等，学成之后，可以迅速经世致用，报效国家。读了数十年的书后，等陈寅恪最终学成回国，已是37岁"高龄"，满腹经纶，却一没学位，二没著作，连个老婆也没捞到。

我看了非常佩服。不是因为他的勤奋，因为勤奋源于兴趣，乃是一件乐事，没什么好佩服的。倒是他的自信，让我十分动容。想像一下，他不为学位而读书，深信自己所学，可以用历史照亮未来，必将真的有助于中华崛起。主意一定，便全力去学，不计较身外得失，该是怎样的自信从容。

在我看来，他就是独立型自信的人，洞悉人生真谛，懂得自己的追求，独立于天地之间，迎风自悦，不会盲目地与别人比较，保持心灵的健全和恬静。

分析完了三种自信境界，我要说的是，年轻人不可能迅速获得独立型自信，若能通过努力，获得一定的成功，得到优势型自信，获得生存的尊严，已经难能可贵。况且，一个社会的进步，也需要年轻人的积极上进。若社会中全是无忧无虑之人，那各种发明也无从谈起了。

我一向认为，人在年轻时，必须是有所追求，有所执着，对人生投入极大的热情，将自己的潜能发挥到极致，才能活得精彩，而获得深层次自信的几率也大大增加。不经世事而力求超脱，只能是一步登天的妄想。所以追求成功无可厚非，如何才能成功，就需要发现自己的优势，并将之发挥到极致，从中获得快乐。

当一个人在做自己喜欢的事情，并在此过程中感觉到真实的自我，专注，热忱，充满力量，他就更真正地成为他自己，更完善地实现他的潜能，成了更完善的人。这样的人，不会为求功名不择手段，不会贪图享受，他们才是实现社会可持续发展的中坚力量。

五、接纳自己的不完美

没有一个人是完美无缺的，就算我们再努力，具备了独特优势，但依然会有许多缺点，来不及弥补。而我们都知道，一辈子发挥优势，肯定能有所成，一辈子查漏补缺，最终是个庸才。所以，要想拥有健康的自尊，关键在于无条件地接纳自己。

自我接纳的实质，就是认识到：自己作为一个人，本身就具有价值，无需通过工作、文凭、成就、外表或者财产来赢取自身的价值。它意味着接纳自己所有的缺点和短处，认为自己天生就有价值，认为自己跟别人一样有价值——跟别的任何人一样，我们都是在试图幸福地生活。

但许多学生认为，只有考出好成绩，成为人上之人，自己才是有价值的。一旦考不好，无法接受自己是个"凡人"的现实，就无地自容，甚至有轻生念头。而一个不能真心实意接纳自己的人，无法获得真正的幸福与宁静。

学会自我接纳，并不是说我们不再需要学习，从此可以躺着睡大觉。学习新的技能、开创更健康的生活方式、结交新的朋友或者接受新的挑战，可以大大提高生活质量。关键在于，我们不必等到完成这些事情之后再接纳自己。自我接纳不讲条件——不论我们能否得到自己想要的东西，我们都要明白自己是有价值的。

这才是真正的自爱。

六、心灵体操：SWOT分析法发现自我优势

如何才能找到自己的优势，可以采用SWOT法来自我检测。

所谓SWOT分析，指的是在四个维度进行分析，试着分析自己优势和劣势，以及一生中可能会有哪些机遇、学习生涯中可能有哪些威胁？然后找出适合于自己的基本策略。

（一）个人SWOT分析

面对高考，每个人都会忐忑不安，心中没底。但我要告诉你的是，受教育就是自我发现的过程，而高考就是人生的一次分流，我们将根据自己的优势，走属于自己的专业之路、职业之路。发现自我优势，正视自身不足，能给我们觉得踏实、快乐，充满信心地迎接高考。

优势 Strength （特点、特长） 1. _____ 2. _____ 3. _____ 4. _____	劣势 Weakness （缺点、不足） 1. _____ 2. _____ 3. _____ 4. _____
机会 Opportunity （竞赛活动等机遇） 1. _____ 2. _____ 3. _____ 4. _____	威胁 Threat （高考、就业、对手） 1. _____ 2. _____ 3. _____ 4. _____

（二）课程 SWOT 分析

具体到某一门课程，其实也可以这样分析。略略，你这次英语没考好，有人很是用心，为你的试卷进行了耐心的分析，并把结果发给了我。现在我把这份分析报告转给你。

老同学：

你儿子这次没考好，看上去情绪低落，觉得在英语方面一无是处，我看了心里也着急，就进行了 SWOT 分析，鉴于他对我还有些看法，所以就让你转交一下吧。

优势	1.语法题16题，满分16分，杨略失分4分； 2.阅读共4类题型（即完型填空、选择题、小标题配对和简答题），满分50分，杨略平均8分； 3.写作满分25分，杨略扣分7分。

劣势	1. 听力共3类题型（即短对话，篇章，填空题），满分30分，杨略得分15分； 2. 词汇十选九，满分9分，杨略得分5分； 3. 翻译，满分20分，杨略得分12分。
威胁	1. 英语成绩不佳导致总分下滑，直接影响高考排名； 2. 杨略对英语学习缺乏信心，尤其对英语听力望而生畏。
机会	1. 知道缺点，对症下药，可以有效提高成绩。 2. 距离高考还有不到100天，而听力、词汇通过努力提高很快。

通过对其优势和劣势的总结，不难得出这样的结论，杨略的语法基础较为扎实，读写能力较高，但听力较弱，是制约他成绩的短板。

通过与你的交流，我发现杨略的英语听力一直薄弱，而且长期逃避这一问题，"能不听一定不听，不得不听随便听，必须要听勉强听"，时间一久，听力变得越来越差。其实，在我看来，英语听力薄弱虽是他目前最大的威胁，但同时也可以成为他最大的机会。

综上所述，我发现，杨略在听力上快速突击大幅提高可以变威胁为机会，实现提高15分的目标。

老同学
沙元振

略略，看到这个分析报告是谁给你做的，会不会很惊讶？

对了，你在数学方面存在不足，也可以使用这个方法，找到突破的办法。记住，你的弱点，恰是提高的黄金地带。

祝福你。

深爱你的
倪甫清
3月1日

看到分析报告的署名，杨略内心一震。想不到沙元振居然是爸爸的同学，更想不到，他们早就结下梁子了，沙元振居然不计前嫌，如此关注他的学习，还为他出谋划策。

杨略一时感动莫名，觉得沙元振虽然总板着脸，让人活泼不得，但他是善良的，是负责任的，也是能干的，算得上一位好老师。虽说教育观念偏落后，可是，在目前的考试制度下，缺了他这样的高考能手，学校又如何提高升学率呢。没办法，沙老师也是制度造就的。

在学校里，杨略经常听到同学在嘲讽沙老师。可在学校的校友论坛中，那些已经升入知名大学的学长学姐们，却一致高度评价沙老师。以前杨略以为是阿谀奉承，或者记忆篡改了现实，如今看来，沙老师的确有其过人之处。严师出高徒，大概就是这个意思吧。

他决定，以后要尊重沙老师，而不能一味蛮干。或许，他以前自认为正确的举动，曾深深伤害了沙老师。虽然在沙老师木雕般的脸上，看不出来什么，但他的心里的，定然是不好受的。

一直以来，他拿到信后，首先就给葛怡、曾泉、陈高照等人看。这次自然也不例外。尤其是葛怡，经过这次与她同舟共济，似乎两人之间的坚冰溶化了一些。所以杨略趁热打铁，把信交了她。葛怡接受了他的好意，静静地读完了信，对杨略说："祁月真该看看这封信。"

"也不知道她怎么样了。"

"唉，"葛怡叹了口气，"离高考只有三个月了，在这节骨眼上……"

过了两天，欧阳老师说，祁月情况还稳定，就要回来了，一面还是吃药，一面接受心理咨询。

"大家要关爱她，让她有回家的感觉。"

到了下午，祁月果然在父母的护送下回来了，静静地走进教室，坐在她的位置上，又恢复了原来的阴云模样。可是她惊奇地发现，她的面前，摆着一只金黄的礼品盒，扎着红色的蝴蝶结。

她轻轻地拆开，里面是一叠厚厚的明信片，正面是56个民族的服饰，象征着他们班56位同学，反面则全是全班同学们的亲笔信。她的手有点颤抖了，一张一张看下去。

葛怡写的是："你是个勤奋、温柔、灵巧的女孩，我以你为荣。"

曾泉写的是："祁月，你做的工艺品真是美翻了，以后做设计吧。"

杨略写的是："每个人都有自己的优势，走自己的路吧，你的世界会很美丽。"

陶坷坷写的是："以你的勤奋劲儿，还有什么事情做不成？以后我估计只有给你打工的份儿了。"

还有的女生写道："祁月，那天我丢了生活费，是你省下钱来，替我渡过难关，谢谢你。"

欧阳老师也写了一封："环境永远不会十全十美，消极的人受环境控制，积极的人却控制环境。"

原来，在祁月回来之前，班长单昀想出了一个方案，让大家写下祁月的优点，激发她的自信，于是大家花了些时间，做成了这盒情意绵绵的明信片。

祁月读着读着，就泣不成声。教室里响起了掌声，大家都站起来，围绕着祁月，不住地鼓掌，一个个都热泪盈眶。

窗外，祁月父母看到这种场景，眼角也湿润了。欧阳老师握住了祁月父亲的手。

"看到了吧，祁月有这样的同学，你们就放心吧。"

第四章

一个人生活得是否快乐,我们从他们的自动思维中就可以找出答案。遇事就联想到消极、痛苦、郁闷的人,他的生活无论如何都不可能与幸福沾边,即便他的物质生活条件是多么地优越。凡事能够联想到积极、进取、愉快的人,即使他的生活水平一般,他的幸福感也是比较高的。

惊蛰天，本应该天气转暖，再打打雷，把泥穴树洞里的生灵们唤醒，欢腾腾地四处跳跃。谁料吹了几股北风，寒雨又窸窸窣窣地落了几天。校园里的玉兰花倒是开了，姣生生，白净净，像一盏盏小灯，照亮了暗沉的树枝和天色。水杉的黑色枝干上淡淡地沤出了一抹黄绿，在料峭春寒中透出一点暖意。

虽然在祁月事件中，杨略和葛怡合作了一下。但事情过后，葛怡似乎比以前更冷淡了。这让杨略觉得，一切都索然无趣，学习时常不在状态。

这天下午四时许，到了班级的体育活动时间，杨略感觉到一种从未有过的平静，似乎自己的心成了一口古井，照得见灰色的面容，灰色的天空，但井水却纹丝不动。

他心里害怕：爱情夭折了，为什么连痛苦也一并消失，再也难觅踪影了？他忽然觉得可笑，笑声从喉咙里直直地往上涌，许是笑声太密集了，连成一线，撑得头往后仰，先是嘿嘿地笑，然后是哈哈地笑。

笑声越来越沉重，直接就从嘴角漏下，在地上滚来滚去，像无数铅球，碾得地板骨碌碌作响。也不知道笑了多久，他岔了气，又从哈哈缩小为嘿嘿，再缩成呵呵，像肺痨鬼的呼吸。而笑声却越积越多，充盈了房间，腾地撞开了门，哗啦啦涌到了门外，把他卷到台阶下，摔了个七荤八素。

这样下去，自己会不会也成为祁月？

他摸摸脑袋站起来，一时有些茫然，抬头看看天空，觉得很陌生，似乎先前没有这么高，这么灰，也许是时近傍晚，但摸摸肚子，又分明是饱满的。看看旁边的雪松、紫薇花，以及走过的人，也觉得奇怪，似乎以前一直没有认真看过，也不知道原来它们都是沉默的，像是一场无声电影无限展开。于是一边走，一边观看，嘴巴里还时不时嘿嘿地笑，笑声如小珠子滚在地上，让他不时打个趔趄。

杨略像一件大衣一样，在校园里飘来荡去，脸上挂了愚蠢的笑容。大风刮得清爽浩荡，也将他的脑子刮得有些清醒，心里猛然一紧。

远处，葛怡正在打球。

而他呢，似乎一点力气都没有，双臂下垂，腿木木地抬起、落下，抬起、落下。这样拖了数米，忽然猛一点头，像是给空气中站着的某个人保证什么。又猛一甩头，似乎是猛力将什么摆脱开去。而后目光如电，脚步迈得十分凶狠，像是困顿已久的猛兽，此刻得了新生。也像一把在风中呼呼作响的钢刀。

他骑上车，漫无目的地往前冲，不知不觉间，他来到了植物园门口。他是不想买票了，就找个角落，握紧锈迹斑斑的铁栏，一跃上了栏顶，然后纵身一跳，稳稳落在杂草里，悄无声息。旁边便是一口池塘，池塘边是小亭，几个老头悠闲地打牌。没有人注意到自己。

他在池塘边坐了一会，池塘里有些残荷。忽然想到一个传说，说是人死之后，鬼魂要把生前走过的路重新走一遍，把脚印一枚一枚拣起来。若是生前趟过河，脚印已被河流冲走，它就在河边无助地哭泣。

他觉得自己就是那个鬼，站在时间的河边，有些记忆却再也拣不起来。他原本想用那些记忆碎片，编织一个梦的帐篷，然后在里面久居的。然而现在这个帐篷四处漏风，况且时常有狂风乍起。往事缓缓流过，眼泪缓缓渗出来，歪歪扭扭地在脸上行进。行进过程中，这条河流吸纳了更多的悲楚，逐渐壮大起来，路经鼻翼、嘴角，又在下巴决堤。等他发现旁边有人经过时，他已经难以控制这场水灾了。

惶惶然起来，抹了一把眼睛，飞身穿入旁边的紫鹃园，像一只轻盈的松鼠，倏然跳过小叶黄杨做成的方正小围墙，前方高木参天，曲径通幽，显然进了植物分类区。他深知这里风景最妙，游人最少，只有学生才会细心地来认植物，而现在是周四，又是云霏霏而欲雨之时。

果然空无一人。他在一块草地上躺下，尽量舒展开，浑身都埋在草棵间。此刻他心里有些宁静了，耳朵空空的，像两只茶盅，承接着高天的声音。风正在头顶摇撼着树叶，偶尔也透明地覆盖着他的身体，清凉地像躺在水面，却又那么踏实可靠。

他念着这几天写的诗。

此刻我心中充满哀伤——
几天欢愉，又步入白雪茫茫
只有一排脚印，可是你呢
你怎么在雪原中迷失了方向

四周那么空旷，吞噬了我的呼喊
葛怡，你留我独自对抗时间
独自面对季节的瞬息万变
从波动的夏日到坚硬的冬天

世间万物投影脑海，缤纷散乱
惟有心灵的悸动才真实可感
葛怡，如果有闪电划破心空
那一瞬间，生命便展开了花瓣

为此，我热切地盼望你到来
为此，我因你的踌躇而悲哀

他这样躺了不知多少时间，似乎睡着了，又似乎没有睡。只有心在结实地跳动，呼吸在轻轻地继续。他忽然想：他现在起来，走到外面，会不会已悄然流走了数百年。一切熟识的，熟知的，都已雨打风吹去。

那自己会觉得开心，还是凄惶？

躺了许久，心情并没有平宁，他开始抱怨了。

"为什么？"

他喊出来，声音很尖利，幸好暮色四垂，周围没有人听见。但他还是压低了声音，变成了沉闷的滚雷。

"为什么在这个时候？葛怡，为什么？"

一股怨毒在胸腔内汹涌。

在这样关键的时刻，她抛弃了他，早不来，晚不来，偏偏在离高考还有一百来天的时候，给他来了这么一下。

"你这是要毁了我吗？"

他一跃而起，像提坦从母亲盖亚身上获取了力量，但却是一股黑能量。他一拳砸在了树干上，粗糙生硬的树皮，让他的拳头隐隐作痛。他感觉一丝快慰，继而拳头又拨风一般砸上去。

"啊！"

他仰天怒吼一声，似乎还不满足，就将拳头放在嘴边，牙齿向手背死命地咬了下去。

然后，他带着伤痛，走出植物园，骑车回到学校，在校门口的小饭店胡乱吃了点面条，走进教室，有气无力地往椅子上一躺。

而桌子上却放了一封厚厚的信。

显然，这是爸爸寄来的。

第四课　用智慧批驳导致抑郁的信条

亲爱的杨略：

见字如面。

今天东风拂遍大地，消尽雾霾，吹开百花。我走在小区里，海棠花挂满枝头,被碧蓝的天空一衬,宛如霓裳羽衣,心情顿时欢喜。

我在长椅上坐下,翻看报纸,一则新闻标题刺入眼帘,《因丑被嘲笑高考状元杀死同学》,我顿时感到压抑。

新闻说的是四川一大学男生曾世杰,性格孤僻,成绩极好,但并无朋友。上大学后,因为生得稍微有点黑,时常被同学讥嘲,郁闷积于心头,长期无法宣泄,久而久之,遂成心理问题。

一日,正是春风沉醉的夜晚,曾世杰在寝室里,听同学们看四川方言小品,乐得哈哈直笑,忽然觉得,这些人又在嘲笑他,一时心头火起,抽出久已购置的匕首,但思考再三,觉得室友平常关系甚好,不忍下手,可胸中翻涌的怒气,却促使他走出寝室。

曾世杰把匕首藏在书包里,梦游一般在路上走。许多人与他擦肩而过,让他的手不停发抖。他忽然有种恍惚之感,像是有人在他头脑里呐喊,勒令他要有所作为。他头痛欲裂,一定要将匕首刺出去,才能得到解脱。他逐渐走到一个僻静地方,终于狠下了心,抽出匕首,寻找目标。

前方一对男女,在草地上促膝聊天,不时发出低微的笑声。笑声又刺激了他,于是悄声走过去,大喊一声:"不准动!"

干湿尖厉的声音,把他自己也吓了一跳。男生扭头问:"你要干什么?"

曾世杰没有回答,像一台输入了指令的机器,抽出刀猛地刺向该男生。男生惨叫一声,朝旁边的女孩喊:"小丹,快跑!"

可女孩早吓愣了,呆立不动。

曾世杰的刀上见了血,让他血脉贲张,脸上依然毫无表情,又准备刺出第二刀。

那男生顾不上女孩了,往后退了几步,捂着伤口,穿过草丛,飞也似的跑了。

"孬种!"

曾世杰不由冷笑一声，转脸向女孩。女孩的眼睛里满是惊恐，浑身不住发抖，几乎让他产生怜悯之心。可是，女孩的漂亮显然又刺激了他。

这样的女孩，永远不会属于我。

曾世杰胸中的浊流又涌动了。女孩高声的呼叫，又激发了他的兽性。他拿起刀，一阵猛刺。女孩无声地倒下了，胸口、腹部，都渗出了黑色的血。空气里满是腥味。

曾世杰完全是头野兽了，提着刀，继续寻找目标……

好吧，这段文字，是我从新闻中加上自己的想象写成的。但从新闻里，我们可以看出，曾世杰一直有明显的抑郁情绪。母亲去世，父亲责骂，家境贫寒，成绩下降，自认为相貌难看，受人嘲笑，种种事件，让他难以承受，拖延已久，逐渐有抑郁症的倾向，最终伤人害己，令人扼腕叹息。

其实，抑郁症目前逐年上升，成为社会问题。北京心理危机研究与干预中心提供的相关数据显示，每年中国有28.7万名自杀者，其中70%是抑郁症患者。而青少年抑郁症患者也急剧增加，校园惨剧屡见报端。可是，人们对此病仍是"不识庐山真面目"。

一位心理学家曾对62位15—23岁"来诊"于心理专科的青少年患者做过调查，结果显示青少年自身识别率几乎为"0"，学校、家庭、社会对本病的识别率平均不足1%，一些综合医院的识别率仅为15%左右。

可见，大家对抑郁症并不了解。在非专科人士的眼里，青少年心理问题与思想品德、个性问题相混淆，或误认为是身体不适。其实，抑郁有多种表现，我们可以进行甄别。

一、抑郁的表现与检测

青少年抑郁一般有六种表现：

1.情绪低落。面对达到的目标、实现的理想、一帆风顺的坦途，青少年并无喜悦之情，反而感到个人的一切都很糟糕，前途暗淡无光，一切毫无希望，似乎已经离开了人世间，掉进了深山的谷底，一切已无可挽回，谁也救不了，于是度日如年，异样地孤寂，与人有疏远感。

2.身体不适。有人经常用手支着头，说头痛头昏；有人用手捂着胸，说呼吸困难；有人说嗓子里好像有东西，影响吞咽。他们的"病"似乎很重，呈慢性化，或反复发作，但做了诸多医学检查，又没发现什么问题，吃了许多药，"病"仍无好转迹象。

3.自我评论下降。青少年感到自己实际上什么本事也没有，任何事也干不了，是十足的废物。如自认为考试成绩不理想；自己不会与人交往；自认为某些做法是一种错误，给别人造成了麻烦，有深深的内疚甚至罪恶感。

4.适应不良。可能在学校发生过一些矛盾，或者根本就没什么原因，青少年便深感所处环境的重重压力，经常心烦意乱，郁郁寡欢，不能安心学习，迫切要求父母为其想办法，调换班级、学校。当真的到了一个新的地方，他的状态并没有随之好转。

5.青春期逆反。在童年时对父母的管教言听计从，到了青春期，不但不跟父母沟通交流，反而处处与父母闹对立。一般表现为不整理自己的房间，乱扔衣物，洗脸慢，梳头慢，吃饭慢，不完成作业等。较严重的表现为逃学，夜不归宿，离家出走，跟父母翻过去的旧账（童年所受的粗暴教育，父母离异再婚对自己的影响等），要与父母一刀两断等。

6.感到生活没有意义。有些青少年感到生活没意义，人生没有意义，活着就等于受罪造孽，生不如死，于是心生自杀念头，甚至付诸实施。

上述六条只要有任何一条明显或突出，我们便要想到抑郁症的可能。当然，很多青少年内心郁闷，但并没有到达病症的程度。这些人，可以做下面的测试。

抑郁自评量表（SDS）

填表注意事项：请仔细阅读每一条，把题目的意思看明白，然后按照自己最近一周以来的实际情况，在适当的方格里画一个勾。

	偶尔	有时	经常	持续
1. 我觉得闷闷不乐，情绪低沉。				
2. 我觉得一天之中早晨最好。				
3. 我一阵阵地哭出来或是想哭。				
4. 我晚上睡眠不好。				
5. 我的胃口跟以前一样。				
6. 我跟异性相处时像以前一样开心。				
7. 我发现自己体重下降。				
8. 我有便秘的烦恼。				
9. 我的心跳比平时快。				
10. 我无缘无故感到疲劳。				
11. 我的头脑像往常一样清楚。				
12. 我觉得经常做的事情并没有困难。				
13. 我感到不安，心情难以平静。				
14. 我对未来抱有希望。				
15. 我比以前更容易生气激动。				

16. 我觉得决定什么事很容易。				
17. 我觉得自己是个有用的人，有人需要我。				
18. 我的生活过得很有意思。				
19. 假如我死了别人会过得更好。				
20. 平常感兴趣的事情我照样感兴趣。				

计分：正向计分题A、B、C、D按1、2、3、4分计；反向计分题按4、3、2、1计分。

反向计分题号：2、5、6、11、12、14、16、17、18、20。

总分乘以1.25取整数，即得标准分。

你的得分：_____

按照中国常模，SDS标准分的分界值为53分，其中53—62为轻度抑郁，63—72为中度抑郁，72以上为重度抑郁，低于53分属正常群体。

看看，你属于哪一类？

二、抑郁的成因

美国科研人员进行过一项有趣的心理学实验，名曰"伤痕实验"。

他们向参与其中的志愿者宣称，该实验旨在观察人们对身体有缺陷的陌生人作何反应，尤其是面部有伤痕的人。

每位志愿者都被安排在没有镜子的小房间里，由好莱坞的专业化妆师在其左脸做出一道血肉模糊、触目惊心的伤痕。志愿者被允许用一面小镜子照照化妆的效果后，镜子就被拿走了。

关键的是最后一步，化妆师表示需要在伤痕表面再涂一层粉末，以防止它被不小心擦掉。实际上，化妆师偷偷抹掉了伤痕。

对此毫不知情的志愿者，被派往各医院的候诊室，他们的任务就是观察人们对其面部伤痕的反应。

规定的时间到了，志愿者返回后，叙述了相同的感受——人们对他们比以往粗鲁无理、不友好，而且总是盯着他们的脸看！可实际上，他们的脸上与往常并无二致；他们之所以得出那样的结论，只是错误的自我认知影响了他们的判断。

这真是一个发人深省的实验。

原来，一个人内心怎样看待自己，在外界就能感受到怎样的眼光。同时，这个实验也从一个侧面验证了一句西方格言："别人是以你看待自己的方式看待你。"

但许多人相信，心情好坏是由发生在我们身上的事情决定的。

"心情糟透了，唉，考得这么烂，我算是完了。"

"他居然这样说我，真是的，害我几天都吃不下饭！"

"约好了十一点看电影，这都十二点了，他居然还不到，我现在什么心情都没了，都怪他！"

……

是啊，当我们感到愤怒或忧伤，我们会认为是别人使我们产生这样的感受；当我们感到受挫或忧伤，我们倾向于责怪自己的处境。然而，心理学家埃利斯认为，并不是人和事让我们喜悦或悲伤——它们只不过是提供了一种刺激。其实，是我们的认知（包括观念和想法）决定了我们在特定情况下的感受。

为了阐明这一理论，埃利斯提出了"A—B—C"模型：

A 代表"前因"(antecedent)(引发反应的情况)。

B 代表"观念"(beliefs)(我们对该情况的认知)。

C 代表"结果"(consequences)(我们的感受和行为)。

尽管我们倾向于责怪"A"(前因)造成了"C"(结果)，其实是"B"(观念)使我们产生了那样的感受。让我们来看一个简单的例子：

设想你考试成绩不佳，你很沮丧。

A：前因：没考好。

C：结果：沮丧，失望，抑郁。

你感到抑郁(C：结果)，不是因为你没考好(A：前因)，而是因为你的理念：认为自己必须考好，成绩不好，就进不了好大学，这个后果是你所担忧的(B：观念)。

可见，这种抑郁还是有好处的，可以促使自己及时反思，知道自身不足，重新审视自己的学习计划，清理自己的知识仓库，从而有利于成绩的提升。

这时的抑郁情绪体验，还是恰当的。

可是，一旦抑郁情绪萦绕于我们心头，会让我们精力不济，难以集中注意力，内心惶惶不安，学习效率下降，使我们犯一些低级错误，这既使我们怀疑自己的能力，又觉得该做的事太多，不知从何做起。失败情感体验的不断反馈，会使我们更为沮丧、失望、无助，抑制了大脑，影响我们的思维效果，最终导致学习停滞不前，甚至倒退。

这时的抑郁情绪体验，是不恰当的。而不恰当的情绪宛如洪水，不仅不能滋润土地，而只会席卷一切，使糟糕的情况变得更糟，产生更多的挫折感。

所以，当过度的抑郁席卷我们的内心时，我们应该改变固有的观念，把抑郁控制在恰当的范围内，发挥它的正向作用。

那么，到底有哪些错误观念，导致我们抑郁难言呢？

三、那些害人的不合理信条

一个人生活得是否快乐，我们从他们的自动思维中就可以找出答案。遇事就联想到消极、痛苦、郁闷的人，他的生活无论如何都不可能与幸福沾边，即便他的物质生活条件是多么的优越。凡事能够联想到积极、进取、愉快的人，即使他的生活水平一般，他的幸福感也是比较高的。

不同人的自动思维差异是很大的。男生杨程和乔军碰到女生蒋明丽，两人齐齐和她打招呼，但蒋明丽没理会他们，低着头走过去了。杨程的第一反应是，"哦，她可能正在想事情，没看到我们。"乔军的第一反应是，"她怎么会这样？太傲慢了吧，故意不理我们。"不同的自动思维，导致了不同的情绪反应，自然也会带来不同的结果。

阿尔伯特·埃利斯观察到，人们天生就倾向于用不合理的、挫败自我的方式来思考。他注意到，有些人的不合理思维方式已成为习惯，因此他们尤其容易心烦意乱。按照埃利斯的说法，我们的思维如果违背了我们追求生存与幸福的内在欲求，那么它就是不合理的。所以，如果坚持某个信念却使你经受不恰当的愤怒、抑郁、挫折感，或者使你的自尊心受损，或者妨碍你追求健康、美好的人生，那么，你的信念就是不合理的。

他经过多年研究，总结出如下一些不合理信条。

不合理信条	表现
（一）专横的"应该"	我的表现应该永远完美。我应该永不犯错。我应该总是高效率地利用时间。我的生活应该无忧无虑。我应该总是能够控制生活中发生的事情。 听上去很励志？可是，这专制的、绝对化的"应该"，却让许多人脆弱得容不下一点失败，听不得一点批评，受不得一点委屈。这种苛求令我们苦恼，因为生活中总有不如意：我的表现不尽如人意，偶尔也会偷点懒，犯点错，也会有些人不喜欢我。
（二）非黑即白的思维	这是一种看待事物走极端的趋势，认为事物要么是好的，要么是坏的，忽略了中间状态。走极端的看法使得思维模式发生扭曲。比如一位同学考试分数不高，就说："不能考进北大，我的前程全毁了。"这就是典型的非白即黑思维。其实，他还有很多选择，不能进北大，进入一般的院校，依然有良好的前程。

（三）以偏概全	碰到一个骗子，就觉得天下人都是骗子。受过一次感情的伤害，就认为天底下男人没一个好东西。我们往往以有限的依据为基础，对自己和别人得出了消极的结论。仅凭一次经历，我们就用"总是"、"从来不"、"每个人"这样的词汇来思考。比如，"我总是在重要考试上出漏子"，"每次试图和朋友沟通，都毫无用处"，"高中三年，我简直就虚度了"……
（四）心灵滤除	一些根深蒂固的信条，会让我们戴上有色眼镜。和我们信条一致的，我们就感知；和我们信条不符的，我们就滤除。假如你认为世界充满了敌意，人们彼此漠不关心，你就会注意那些证实这一观点的信息——比如老人摔倒没人扶、饭店炒菜用地沟油，而滤除那些相反的证据——老人一辈子节俭领养了十个弃婴、大学生捐献骨髓救人性命。
（五）草率得出负面结论	很多人倾向于对各种情况得出负面结论，而不管支持这种结论的依据是多么有限。当事情出了差错就立即设想最糟的后果。他们还会从最消极的角度来曲解他人的意思，从而感到难受。
（六）贴标签	忽视实际情况，给自己、别人贴上固定的标签。如"我成绩不好，我一钱不值"，或仅凭一两件事就概括了一个人的品行。这是一种自我挫败的做法，因为它对你的愤怒和憎恶火上浇油，浪费你的精力，还使你跟别人难以相处。
（七）灾难化思维	偶尔流鼻血，就认为自己得了脑瘤。一次成绩不佳，就觉得高考无望，一辈子毁了。这样的人习惯性地关注负面的可能性，例如失败、丧失、痛苦、灾难或者被拒绝。他们跟自己讨论可能降临的灾祸，常常涌现"假如"、"万一"之类的想法，于是内心永无宁日，无法全心处理手头的事务。
（八）自我罪受	小孩子看到家里贫寒，就认为是自己的责任，其实这并不是他造成的；走进教室，忽然听到后桌嬉笑，就误认为是笑自己；走在校园里，向老师打招呼，老师无视而过，就认为自己不受重视。这样的心理状态，就是自我罪受，自寻烦恼。

四、检测我们的不合理信条

注意我们的想法是很重要的,因为这让我们得以辨认那些造成糟糕心情的认知活动,那些认知活动值得盘问。为此,监测我们的想法很有帮助,我们要对自己的想法进行思考。最好的办法是:每当我们心情不好,就写下自己的想法。一旦我们这样做了,通常就可以辨别与这些想法有关的信条。

陈思文刚刚读完高三,在这一年中,他一直努力学习,并决心进大学读法律,成绩出来后,他发现自己的分数不够念法律,于是觉得被击垮了。他想:"这不公平,我苦读了一年——所有的牺牲却都付诸东流。白费了一年功夫!我的前程毁了!"

陈思文错过了自己很想得到的东西,当然会感到失望。当他被迫接受现实,当他考虑自己的未来,在一段时间内感到悲伤也是正常的。然而,陈思文失望的程度是由僵化的信条造成的——他认为自己必须达到某个目标,结果却没有达到。陈思文的信条包括——

人生应该是公平的——付出一定要有回报。
我必须总是成功达到自己的目标。
如果我们不能学法律,我的一生就完蛋了。
达不到目标的结果是毁灭性的。

他身上有"非白即黑"的思维。忘记了就算不能读法律,也可以选择其他专业,生活照样可以很好。

我们再来看曹世杰的例子。他在狱中,曾写过一篇自白,让我们看到了他内心真实的想法。

母亲由于不明原因去世,自己当场目睹了母亲被解剖的过程,这对我的心灵造成了很大的创伤,留下了不可磨灭的阴影。而父亲的脾气本来就不好，母亲去世后他的脾气就更加暴躁了，经常骂我……而父亲因为我分数够而没有报考军校或免费师范而大发雷霆，他说家里本来就相当困难。后来我仔细想了想，也确实理解他，从那以后我心里就充满了愧疚与自责……

自己上大学后因为相貌、经济方面原因受到很多人的嘲笑与歧视，加之性格内向，不爱与人交谈，遇到什么事都爱憋在心里，时间长了以后，便产生了特别强烈的抑郁感与自卑心理。经常待在寝室里发呆，也经常藏在被窝里掉眼泪，严重到了一天只吃一顿饭，晚上才敢出去的境地。同时，成绩也一落千丈，甚至考试都不敢去了。白天遇见人时也从来不敢抬头，但还是逃不掉别人的歧视与取笑。想到无法面对家人时便极度自责与怨恨，对取笑我的人产生了极度的愤恨心理，只能在痛苦与怨恨的伴随下度过每一天。到后来严重到感觉所有人看我的眼神，与我交谈时的表情都是在取笑我。

案发当天，我和同学们在一起看电视时，对电视里演出的小品的精彩片段，同学们都大笑不已，而我莫名其妙地感觉到这种笑声是对我的嘲笑，顿时心中产生了极度的烦躁与怨恨，压得自己喘不过气来。于是莫名其妙地带上刀漫无目的地就出去了，之后头脑一片空白，直到刺了被害人张某并被制服后，才意识到自己闯了弥天大祸……

从中我们可以发现，他有许多不合理信条。

不合理信条	表现
其一，自我罪受。	家里困难，他没有读免费高校，就觉得愧疚，认为对不起父亲。他"严重到感觉所有人看我的眼神，与我交谈时的表情都是在取笑我"，听到同学们看电视大笑不止，就认为是在嘲笑他。显然，这都是自我罪受。

其二，贴标签。	他因为被人说了几次"皮肤黑"，就认为自己相貌丑陋，不敢与人交往，"白天遇见人时也从来不敢抬头"。其实从照片上看，他长得挺端正。
其三，灾难化思维。	他因为几次成绩不好，就觉得再也考不好，"考试都不敢去了"，"想到无法面对家人时便极度自责与怨恨"。
其四，草率得出结论。	上大学后，他"因为相貌、经济方面"不太好，就想当然地认为，自己"受到很多人的嘲笑与歧视"，这与实际情况并不相符。
其五，心理滤除。	我们看他的自白，看不到一点暖色，全是压抑和苦楚。他不爱与人交谈，遇到什么事都爱憋在心里，有抑郁感，有自卑心理，不敢正视别人，听到笑声就烦躁、怨恨。显然，他把光明面都自动滤除了。

或许往下挖掘，他还有其他不合理信条。这些罗网将他的内心死死缠住，最后让他陷入崩溃。

而我们要做的，就是在遇到一些不好的事情时，就要及时反省，防微杜渐，避免造成悲剧。

为了形成健康一些的思维方式，我们需要辨认自己那些导致不安情绪的观念和思维模式。这样做的最好办法就是在我们感到不安时监测我们的认知活动，或者说，信条。

现在我要你捕捉自己的信条，最好的办法就是写ABC日记。接下来的几天，无论何时，只要感觉到内心受到困扰，感到抑郁、不安，请把不好的事情写在下面的表格里。

ABC日记分为三栏：

第一栏是"不好的事"，尽量描述详尽，记下人物、时间、事件和地点。

第二栏是想法和信条，记下你对不好的事的解释。

第三栏是后果，请记下你的感受。

我的ABC日记

不好的事	信条、想法	后果
1.		
2.		
3.		
4.		

五、批驳不合理的信条

我们的心灵都有一道城墙，守兵便是理性和自尊，面对外来的批评和攻击，守兵会奋力反抗，而不会坐以待毙，被轻松攻陷。但如果祸起萧墙，往往难以抵抗。正如前面所说，遇到"不好的事"，让我们自我谴责，自我批评，如果程度适中，促使我们自省自悔，当然有利于成长，但若是沉湎于自责，或是过分苛责，往往自怨自艾，甚至陷入自我毁灭，自然对成长不利。这时，我们就要反思：这信条是否合理。

如果合理，我们知耻后勇，改变自己，改变环境中不尽如人意之处。若是发现信条逻辑上说不通，甚至有灾难化的趋势，就要及时反驳，以免心灵受到更大伤害。那些所谓的"越想越生气"、"越想越没劲"、"我现在什么都不想做了"之类，往往是情绪泛化，如毒汁熔岩，在腐蚀我们的健康了。

所以，埃利斯在ABC模式之后，还加上了D（Disputation，辩驳）和E（Energization，激发），他用"辩驳"这个词来描述我们质疑自己思维方式的过程。

我们一旦弄清了使自己难过的想法和观念，下一步就是辩驳它们。学会辩驳，从而最终改变使我们感到难受的认知，是避免和释放很多不安情绪的关键。

如何辩驳呢？主要有以下几个程序

第一，找出正反两面的证据。

第二，盘问我们想当然的假定。

第三，找出不合理信条在逻辑上的漏洞。

一个简单好用的方式，就是运用思维监测表，认真地分析情况，理清想法，体验感受，再从逻辑上进行辩驳，并在行为上进行纠正。

思维监测表	
A. 情况	
B. 想法	
C. 感受	
D. 辩驳	
E. 激发	

举个简单的例子，比如某个周末，你本想做好一些作业，但最后没能完成，晚上非常沮丧。这时，你可以这样完成一个思维检测表。

思维监测表	
A. 情况	我本想今天完成这几张试卷，但我浪费了一整天，没办成什么事情。
B. 想法	1. 我没指望了！浪费一整天，一事无成。 2. 我应该时刻具备自控力，富有成效地管理时间。 3. 因为我浪费时间，所以我是个没前途的废物。
C. 感受	受挫、沮丧、郁闷，对自己恼火。

D. 辩驳	1. 谁规定我必须每天都绷紧，而不能稍微松懈一下呢？ 2. 我经常能很好地利用时间，今天浪费了一点，这当然不太好，但也不会造成严重的后果，没必要这么慌张。 3. 我今天虽然没有完成试卷，但看了一部很棒的电影《时间规划局》，对培养我的想象力很有帮助啊。
E. 激发	更合理地制定学习计划，不好高骛远，也不自我松懈，明天可以好好完成任务。

我们经常说，尽管自责对反省有好处。但反省的最终目标，不是自我讨厌，而是自我接受，并合理地完善自己。因此，做这样的思维监测、自我辩驳，显然是非常有益的。

我们再以曹世杰为例，站在他的角度，做一份思维监测表。当然，这要放在他挥刀伤人之前。

	思维监测表
A. 情况	母亲去世，死因不明，心灵受挫。没读军校和师范，父亲责骂，内心愧疚。相貌丑陋、家境贫寒，受人嘲笑，不愿交往，深感自卑。我和同学们在一起看电视时，对电视里演出的小品的精彩片段，同学们都大笑不已，而我莫名其妙地感觉到这种笑声是对我的嘲笑，顿时心中产生了极度的烦躁与怨恨，压得自己喘不过气来。
B. 想法	1. 家里困难不读免费高校，认为对不起父亲。 2. 同学们看电视大笑不止，肯定在嘲笑我。 3. 成绩不好，以后也肯定考不好，"考试都不敢去了"，"想到无法面对家人时便极度自责与怨恨"。 4. 相貌、经济不好，受到很多人的嘲笑与歧视。 5. 生活太灰暗，看不到希望。
C. 感受	烦躁、自卑、怨恨

D. 辩驳	1. 家境贫寒，不是因为我的缘故。我没去读免费学校，这其实并不能怪我，不是所有寒门学子都必须去读师范或军校，我有自己的追求。 2. 同学们笑的是电视节目，并不是笑我。 3. 成绩不好，仅仅是几次而已，并不标志着我永远学不好。毕竟，我当年在高考时，还是全县的状元呢，可见我脑子是聪明的，只要努力，肯定能拿到好成绩。 4. 相貌不好，家境不好，这是实情，但这不是我的错。我不能没有犯错而接受惩罚。同学虽然说过我黑，但那都是好朋友之间开的玩笑，而且也没说几次。说实在的，他们也没比我好看啊。 5. 其实，生活也有快乐的成分。寝室同学其实对我也挺好的，他们看我不去吃饭，还主动询问我，给我带吃的。上次我生日，他们还一起送给我礼物。另外，我毕竟是名校学生，好好用功，日后前途还是不可限量的。
E. 激发	1. 告诉爸爸我真实的理想。不去读军校和师范，是因为我另有追求，请他放心。 2. 同学关系其实挺简单，多说话，多沟通，多一起运动，就会成为好朋友。我相貌不好，可是，谁规定只有帅哥才有好朋友呢？ 3. 家境嘛，慢慢来，我得学好专业，找好工作，家境会好起来的，爸爸就等着享清福吧。

当然，不是所有的辩驳都这么容易。世间之事，我们往往是懂得，但未必能马上做到，所以我们应该经常锻炼，用理性和智慧去辩驳不合理的信条，战胜多余的抑郁和沮丧。

人生之路上，我们还是会遇到许多坏事：考试不理想，无法得到想要的工作，被女孩拒绝，被公司裁员……在这样的时刻，如果我们能熟练地对内心不合理信念进行辩驳，获得心灵的振作和平静，才能在挫折面前坚持不移。

这样的人，才是内心强大的人。

六、心灵体操：如何看待排名

或许，你会觉得，前面所写的都过于宏观，而你遇到的事情，都是极细微的。虽然细微，却像鞋中的一颗沙砾，实实在在地折磨着你。所以，接下来我要说说，如何看待考试排名。先来看一封读者来信。我想，这也正是你所关心的。

你这次排名比以往有退步，在全校高三生中名列93。而你们学校前50名有望进入全国排名前10的名校。因此，你觉得失落。那张排行榜现在像噩梦一样纠缠着你。或许，你会认为所有人都对你失望，甚至瞧不起你，整天郁郁寡欢，世界变得昏暗一片。

这时，你应该怎么办呢？

关于这个问题，我先说点题外话吧。小畅是个十七岁的女孩，长得很漂亮，歌喉也不错，正准备参加学校元旦文艺演出。不料，她的脸颊上很不争气地冒出了一颗痘痘。对着镜子，看着那颗神气的小突起，她心里懊恼极了。她想到自己站在舞台上，明亮的灯光之下，这颗痘痘无比醒目，无比滑稽，会让所有人哈哈大笑，完全破坏她的美好形象。她越想越慌，还没上台，手上已全是汗，结果在台上忘了词，尴尬地下场，痛哭了一回。

安安是她的好朋友，来后台安慰她。

小畅泪眼婆娑："都怪这颗痘痘！"

安安却很惊讶："痘痘，在哪儿？"

原来痘痘是那样的小，别人不留意根本看不到。而在小畅的心里，那颗痘痘早已无限扩大，几乎将半边脸颊都覆盖了。

你知道小畅为什么会有这种感觉吗？用心理学上的术语，这叫"假想观众"现象。青少年对自己在别人心目中的形象特别敏感，而且会自认为是所有人目光的焦点，一言一行都会被这群忠实观众看在眼里，并且久久不会忘记。所以林黛玉初入贾府，才会"时时留心，处处在意，唯恐被人笑话了她去"。

其实，每个人都很忙，根本不会这么关注你。

说这么多，就是希望你能从这种失落情绪中走出来。

然后，我们再做一个思维监测训练。

	思维监测表
A. 情况	摸底考试，我的排名落在93名。
B. 想法	这次考不好，高考也很难考好，考不上名校，那就完了。 我这么努力还学不好，可见我是太笨了。 别人都在嘲笑我。
C. 感受	抑郁、迷茫、自卑、没信心。
D. 辩驳	这次考不好，并不意味着高考就考不好。毕竟，我之前的考试成绩都不错的。这次没考好，只是偶发事件。 就算考不上名校，世界也不至于塌下来啊。 我努力但没学好，不是因为我笨，或许只是心情不佳，学习方法不对吧。毕竟，我的语文还是不错的。有点偏科，补上来就好了。 嘲笑我？不会的吧。因为我自己就不会嘲笑成绩不好的人，而只会同情。我相信，我的同学都是善良的，不会落井下石的。
E. 激发	休整。 检验学习方法。 确定合理的奋斗目标。

我再来详细谈谈具体该怎么做吧。

首先，先休整一下。

如果你觉得累、无精打采，就有可能是身体处于最疲劳期。所以，先放下考试成绩的好坏，把身体调整到舒服的状态。到周末把睡不足的觉补回来，晚上瞌睡了就放下书本好好睡一觉。课间不要贪图一点学习时间，让僵硬的身体活动一下。还可以通过做一些不太激烈的体育运动，或者听音乐来放松大脑，使大脑好好休息一下。

第二，检验一下学习方法是否正确。

考试成绩下降是由多种原因造成的，虽然对心情有打击，但是它却提醒了你，要认真地反省、检查自己的学习方法、知识漏洞。考试是一面镜子，照出了你的漏洞。与其对成绩悔恨、逃避，对以往好成绩念念不忘，不如认真反省，找出自己的薄弱环节，研究对付的策略与办法，更新几种学习方法，变挫折为动力，激发自己最大的学习能力。

第三，给自己确定一个合理的奋斗目标。

在短时间内要从现在的排名迅速名列前茅，基本上很难实现。因此，我们要给自己一个明确的定位，确定一个合适的名次，然后付出努力，向目标前进。

我离开高中校园已有多年，发现了一个现象，原先成绩最好的同学，现在大都业绩平平。倒是当年有特长的同学，虽然名次不靠前，但现在都已独当一面，取得了自己的成就。当年坐我身后的一位男生，长于数学物理，语文却学得糟糕，总分自然不高。但他发挥了特长，在大学里开发计算机软件，现在创办了自己的公司。还有一位同学，他擅长交际，极有人缘，现在已是一家公司的副总了，收入是同学中最高的。这也就是所谓的"第十名现象"吧。虽然说，成功的标志并非只是开公司、出书、挣钱，但我们在这当中获得了快乐，这是最重要的成功。

总之，在高三的关键时刻，你应当理性看待排名。懂得排名的激励作用，让你奋力向前。但也要懂得此刻的成绩排名，与日后的成就并无多大关系，所以一定要稳定情绪，恢复精力，才能在接下来的考试中获得好成绩。

人生很长，你只要做好自己，一切都有希望。

祝福你。

深爱你的
倪甫清
3月6日

　　杨略看完了信，半晌没有动静，他看着手背上的牙痕，不禁暗自神伤，也生出许多自哀自恋之意。心里难过，怎么能虐待自己的身体？毕竟只有它每日承载着自己四处奔波，和自己一起经历欣喜、酸楚，它是多好的兄弟啊，自己又给过它什么好处？而今却咬伤它了。

　　牙痕经过了睡眠，已平息了些，只是有点红肿，却不曾责怪。杨略轻轻抚摸它，还有些疼痛，它像是个乖孩子，被无端责打，却一声不吭，独自躲在角落里啜泣。

　　他开始扪心自问，到底是什么原因，让自己如此难过。按照爸爸的说法，葛怡的态度只是外因，而内心则在自己的信条。

　　自己的不合理信条，他是知道的。

　　"我爱她，她必须爱我。"

　　如果爸爸在身边，他肯定会纠正说，合理的信条应该是："我爱她，所以希望她也爱我。"

　　可是，他虽然懂得了，内心却丝毫没有好过一点。至于排名之类，他可以放宽心，通过努力可以赶上，所以抑郁也是暂时的。但是情感呢，他完全不可能如此洒脱。说"天涯何处无芳草"吧，可是那些芳草如何能与葛怡相比？就算从此避而不见吧，可他随便到了哪里，都会想到她。看到一个女孩的马尾辫，就想到她；看到天空里飞翔的风筝，就想到他们在春日里放过的那一只……似乎她已身化千亿，处处都能看到。

　　毕竟，六年了……

　　唉，所以，爸爸又怎会懂得这些少年的心思呢？他的ABC法，对于受情伤的人而言，又有什么用处呢？他如何能反驳痴情的信条？

他叹着气，准备把信纸装回信封，却发现里面还有东西。他掏出一看，果然还有两页纸。他觉得奇怪，爸爸为什么不钉在一起呢？看了前面几个字，他就恍然大悟，不仅有些面红耳赤，同时又倍感温暖。

又及：

略略，前面的内容，你大可给别人看，可下面这些文字，就当做我们私密的交流吧。

我知道你最近的苦楚。因为人世间最大的幸福源于爱情，最撕心裂肺的痛楚也源于爱情。在你初二的时候，我就在信里谈到过爱情。

"青春期爱情就像一条清澄莹澈的溪流，没有世俗的功利性，不染纤尘，纯纯的让人感动。这是人们理想中的爱情。可是小溪毕竟清浅，随着时间的流逝，它能汇成大江，奔流不息，达到永恒吗？如果前面有大山巨石，或者是沙漠戈壁，那这流小溪能淌过去吗？"

我也曾告诉你，真正的爱情，并非整日拥抱如胶似漆，而是两个人能携手，朝一个地方看。正如龙应台所说："你需要的伴侣，最好是那能够和你并肩立在船头，浅斟低唱两岸风光，同时更能在惊涛骇浪中紧紧握住你的手不放的人。"

但是，在情感面前，少年们永远是冲动的，不计后果的。或许在大人看来，小孩子之间的情情爱爱，纯粹是玩过家家。其实，在爱情当中，越是心灵纯洁，越是不经世事，就越容易因爱情的波折而受伤。

你曾经写过一首诗，题目就是《简单》。

其实生命真的很简单
只要在春天，将绿叶举得高高
将爱情砸进大地

让每一天，都长出嫩绿的童年

其实爱情真的很简单
就像一首诗在草尖上凝结
就像一场雨自己将自己淋湿
爱情总在草地上坐着，神情恬然

只需它一声令下，乌云散去，露水晶莹
天空就打扫的干干净净
大地上奔跑着森林与羊群
当黑暗从湖泊中浮起，他们神情恬然

谁在这世界生活，谁就要明白
黑夜是为了更好的睡眠

  在少年人心中，爱情是如此简单、纯净，像草间凝露，像一场滂沱大雨，可以转瞬之间，就将天空和大地冲刷干净。

  其实，爱情是很艰难的，在爱情中一帆风顺也是很难的。在这一点上，我很认同《拆掉思维里的墙》的作者古典的话："你需要一见钟情很多人，两情相悦一些人，才能白头偕老一个人。"当然，我们都希望一见钟情、两情相悦、白头偕老的，都是同一个人。但要实现，需要天赐的良机，还需要用心的经营。而一般的少年人，只能通过跌倒，受深深的伤，爬起，又跌倒，慢慢才能知道自己需要怎样的伴侣，也懂得忍让和沟通。

  所以，在爱情中心情起伏，恐怕是每个少年人都难以幸免了。但是一个懦怯的人，情感一受伤，就觉天崩地裂，了无生趣，于是影响学习，这就像厨房失火，却不管不顾，只是哀啼，结果把客厅和书房都烧尽了。而一个心灵强大的人,尽管也会痛苦,但不容许痛苦泛化。无论情绪如何高涨,如何低落,都要沉下心来,按部就班,完成学习任务。这就像外面战火纷飞,炮声震天,但高明的医生会临危不惧,从容地包扎伤员的肢体。

略略,你能做到这一点吗?

祝福你。

深爱着你的
倪甫清
同日

杨略流下泪来。爸爸又一次准确地把握了他的心思。"情感一受伤,就觉天崩地裂,了无生趣,于是影响学习。"这说的不正是他杨略吗?其实,世界很广大,他的使命也很多,走出爱情这个小小的井口,阳光依然普照,万物正在复苏,春风令人沉醉。

"我是多么愚蠢啊,沉浸于小小的伤悲。"

他这样想着,觉得一扇门在眼前打开,他抬腿走了出去,到了更广阔的空间。尽管痛苦还是难免的,但他要把痛苦留在门内,不让它肆意蔓延。

"无论情绪多么低落,也要沉下心来学习。"

他这样告诉自己,就翻开了数学习题集,摒弃一切杂念,全力开始做题。渐渐的,他果然沉浸到学习中去了,一路势如破竹,等他完成任务,合上习题集,他心里涌动着一种快乐和满足。他看着前桌的葛怡,也不再有怨恨,而只是柔情了。

他忽然想到,应该把这封信复印一下,拿给葛怡看。因为她也是抑郁难安,也可以看看。至于爸爸所谓的"私密信件",不妨也给她看,或许,看了,她就会懂的。

其实，受情所困的少年人，远不止杨略一个。自从高三以后，陈子轩时常来学校旁边的理工学院。不为别的，就为这里有他想见的人。那位曾与他相视而笑的女孩，比他高一级，正在这里读大一。他从未和她说过话，当然也不可能有联系方法。他只知道，她叫储旭亮，在这里学服装设计。

虽然他曾亲眼看到她被一位阔少带进一辆漂亮的保时捷，自己早没了指望。但是，他始终不能忘怀。

在他脑海里，永远浮现着一幅最美好的画面。在夏日灿烂的阳光里，一位女孩翩然走来，留着灵动俏皮的短发，穿着洁白衣裙，设计得新颖别致，周身散发着夺目的光芒，手指将头发捋到耳朵后面，擦肩而过时，对着我浅浅一笑，就径直走过去了，消失在爬满常青藤的走廊里。

他在小画册里，一次又一次地画着她，并涂上最清新的水彩：水蓝天空下嫩绿的树荫、夏天的灿烂光影、黄叶纷飞的草地、白雪晶莹的山林，衬托出她初春般柔美的容颜。时间一久，小画册都画满了，每一页都是她。

他希望有机会，能再次相遇，将这本小画册送给她。此外，他似乎再无奢求。当然，他是多么希望再发生点什么啊。

理工学院里有个书店。他觉得，那么优雅的女孩，应该会出现在这个书店里，于是时常在里面逡巡。书架的一侧有书桌，临窗，安静得像一本书，等待着有人把自己放进去。白天透进阳光，渗着树叶的淡绿。雪白的窗帘，在风中无声地流泻。晚上灯光透过窗户，在黑暗中凿开一眼眼方形的井。井底传来蟋蟀的鸣叫，细小而执着。

他坐在那儿，时常幻想对面坐了那个白衣女孩，一直坐着，娴静如水，认真地看书。看书间隙，他可以抬眼看看，遇到她清澈的眼睛时，就对视一笑，而后各自低下头去，心都怦怦地跳。别人都走了，她才起身。临走前意味深长地瞥他一眼。第二天第三天她又出现，但依旧不说话。

就这样逐渐亲切,但无须进一步的体贴。彼此山青水远,冰清玉洁。

可这个女孩从未出现。但问题是,即使出现了,他真的敢于直视吗?直视了,又能赢得她的目光吗?

一个月前的某天,是初春的周末,天寒料峭。他又坐在这儿,随意地翻翻书。书店里没几个人,毕竟,天寒地冻的夜晚,是不太有人来光顾的。

心里感到苍凉了,起身出了书店。旁边就是操场,他走了进去,忽然开始跑步,于是在夜色中一圈圈地绕着操场,保持两步一呼吸的节奏,两腿尽量迈开,每一步都力求轻捷有劲。

在雪光之中,他看到跑道中零零落落有几个人在跑步。其中有一位留着短发,一甩一甩,有着纤细的腰,在跑动中优美地摆动。

"会是她吗?"

他有一种冲动,脚下加快,渐渐追上。与女生擦肩而过时,回头看了看她的脸孔。自然不是她。她似乎从他的世界里消失了,再也没有相见的机会。也许多年以后,他们都将站在时光的另一头,默默回顾遥望。隔着浩浩时空,凝望生命的飘忽与轻扬,体会人生的苦涩与醇香。两条视线投向同一个时间,同一个地点,却始终平行,不曾交织缠绕,于是内心惆怅难言。也许并非因为错过,而只是因为韶华不再,东流难回。

当然,或许她早将他忘却了,根本不会知道,她因为无意的凝视,就让一个男孩再难忘怀,并被画进作品里,如果有可能的话,画作会比他们活得更长久。

他这样想着,忽然有点激动,觉得爱而无求,是份多么优美的感情。他很想回去画画,就在离开操场穿过体育馆时,一个改变他人生轨迹的事件发生了。

事情是这样的,他发现体育馆里很喧闹,似乎有几百人齐声呐喊,回音嗡嗡作响。偶尔飘出几句,钻进他的耳朵:"弱者不配拥有爱情,拥有了也守不住。"

他心里蓦然一动，想到了白衣女孩，想到了保时捷。他不由自主地走进体育馆。

看台上坐了几百人，篮球场中间布置了一个舞台，横幅上写着"全利公司励志讲座"。一位圆脸秃顶的中年人腆着肚子，正起劲地说话，脸上满溅出油润的红光。他说的内容，也不外乎人生需要梦想，励志照亮人生，态度决定成败之类，本是平淡无奇的，可不知怎的，他的姿态、语速、案例，还有全场的反应，让陈子轩沉浸了，而且心里有股子火被点着了。

"你们想改变自己吗？"

台下有人大叫："想！"只有几个人，声音尖利而有些突兀。

"其他人呢？"

更多人附和："想！"

"我听不见！"

"想！"这次连陈子轩也喊了起来。

中年人满意了，笑纹荡漾，把眼睛都挤没了，又把双臂张开。

"那就来创业吧！"

全场一片持久不衰的掌声。

中年人又说："如果有人问我：'创业不成功怎么办？'我会告诉他：'你原来就不成功，现在不成功又有什么了不起。'"

底下一阵会意的开心大笑。

"有人可能对我们的公司不感兴趣，但有人敢说'对钱不感兴趣吗？'没有吧？有一次还真有人敢说，我就对他说'那你可以走了'。他还傻傻地问我：'为什么'，我说：'我对你不感兴趣。'对钱都不感兴趣，他还活着干什么？"

底下又是一阵会意的开心大笑。

"替别人打工，你拼死拼活，顶多混个温饱。而在全利，你就是创业，你就是我们的合伙人。在我们公司里,每一天,都在涌现新的百万富翁,千万富翁。他们中有退休老人,也有大学生,最年轻的,只有18岁。他们的共同点就是,敢想敢干,自强不息。同学们,别人可以做到,你又不缺胳膊不缺腿,为什么做不到?关键在于,你把自己看扁了。在我们公司,我们坚信,付出就有回报,想到就能得到。现在,你们愿意加入我们吗?"

"愿意!"

全场又是一阵持续不断的掌声。

讲座结束了,陈子轩觉得自己有点脱胎换骨,身子也轻便了许多。路过校门口,看到一家甜品店。店里有许多少男少女,却已有一对一对的了,或牵手,或相拥,旁若无人,笑得灿若桃花。

他注意到一个女孩,毫无疑问是当中最美的,穿粉红的风衣,身形纤长轻盈,留着俏皮的短发。他心里猛然一震,她是储旭亮吗?他隔着玻璃,一时难以呼吸。

细看,却又不是。但心里依然腾腾腾地死命跳。

这个不是储旭亮。真正的储旭亮在别处,她的腰身,此刻肯定被一个男孩搂在臂间。那男孩身材高大,脸庞洁净,有着明皓的眼睛和牙齿,衣饰鲜艳而张扬。他们相契得那般和谐。

陈子轩注视这店里的少男少女们,心里有着说不出的惆怅。他也是那样清俊的少年,却从未这般盛开。家境的贫寒,让他胆怯、羞涩,遇到过美好的女孩,他望而却步,陷于自卑而忘记了自己同样年轻和美丽,本来可以与她们比肩而行,谈笑自如,相互辉映。但他没有,一直都没有。初中时,他是个过于听话的孩子,听父母的话,听老师的话,一天到晚愚蠢地一遍又一遍地翻看无用的教科书。高中时,他藏身校园一隅,或是网络深处,以梦为马,以笔当车,飘游在最美好的幻境。他一直觉得很孤独,又无法摆脱,最后只好爱上了孤独,说孤独是他的灵感女神，让他作画，说孤独让他安静而超脱。

但如果让他重来一次，他肯定会做个轻狂的少年，霸气的少年。他要去创业，用青春热血，成就自己的事业，一举摆脱穷酸的局面。很可能，在二十岁的时候，他就可以腰缠万贯。到了二十五岁呢，可能就拥有了自己的公司。

同时，他要马不停蹄地追逐心爱的女孩，为她吹口哨，甩响指，撕碎教科书为她擦拭鞋上的泥水，开着最漂亮的跑车，带她去最美的景点旅行。

另外，为了显示自己的温文尔雅，聪颖韶秀，浪漫多情，他要画好多漂亮的水彩画，学好多外语，甚至还要学音乐，坐在海边的礁石上，弹起吉他，把歌唱给心爱的女孩听，让她在歌声里浮起来，浮起来。于是，他的魅力让人无法阻挡。他的幸福横无际涯。

于是，陈子轩整天想着念着的，就是怎么弄到一笔启动资金，够他购买全利产品，然后大力发展下线，那他就算是坐着不动，钱也得打着滚儿钻到他口袋里来。

说起来，他的叔叔和姑姑也算得上是些土豪，开着农庄饭店，他要是以创业的名义去借钱，他们没理由不支持的。当然啦，如果以上大学为名义，那简直就名正言顺，他们是断然不会拒绝的。

想好了资金的来源，接下来的问题，就是如何销售，如何发展下线，在这些方面，他心里可没底，于是只要理工学院一有类似的讲座，他就跑去听，每次都心潮澎湃。但听得久了，就发现一个问题，讲座里都讲励志，不讲方法。不过他转念一想，也就明白了，毕竟那是人家的看家本领，哪能大庭广众之下传播呢？他是谦恭好学的，积极进取的，讲座之后，他就主动去找组织，也获得了热烈的欢迎。那位秃头的中年人说，四月初在本市有一次集中培训，为期四天，大家都可以参加。

"四月份？我还要高考呢。"

他心里头嘀咕,却没敢把话说出来。要是人家知道自己是高中生,肯定不带自己玩儿了,那怎么能行呢?

和那些人接触久了,他慢慢发现,他们许多人并没读大学。就算有大学毕业的,也只是出自一些名不见经传的高职院校。但一个个都能言善辩,精明干练。其中有位夏大明,不过二十五六,留着利索的板寸头,身板精瘦,穿笔挺的西装,也总是打领带,语速极快,与陈子轩是自来熟,坐在一起闲谈时,就说到自己是初中毕业,就出来打拼,十年下来,在城里买了两套房,一辆车。

陈子轩不由惊叹,想到了那个学霸和学渣的段子。眼前这位,几乎就是张二狗的现实版了。

他不免和夏大明也说了这个段子。

夏大明也得意了,坐在沙发上,跷着二郎腿,熟练地点着一支烟,吸了一口,极洒脱地弹了弹烟灰,露出一口黑牙。

"大学里学的,嘿,全他妈是理论,一到社会上啊,屁事儿不顶,都得乖乖回炉。我是看明白了,要是不想搞学问,上大学就是瞎耽误工夫。兄弟,在社会上锻炼,学的才是真本事哪!"

听说陈子轩擅长漫画,他更是来了兴趣,说起自己有个同乡,一直喜欢漫画,高中毕业没读大学,去深圳打工,机缘巧合,就进了一家游戏公司,帮着画人物和场景。几年之后,公司发达了,他有了股份,绘画技法也成熟了,要继续追逐理想,不愿再做游戏,就辞了职,开始独自画漫画,几年时间,画了几本畅销书,荣登全国漫画家财富排行榜,作品还远销欧美,成了漫画界响当当的人物。

"瞧瞧人家!嘿,这真是条条大路通罗马,不能单恋一枝花啊。"同乡的事迹,显然让夏大明也颇感荣光。

这回,陈子轩真的心动了。

于是,他回到寝室,嘴里说的都是那套读书无用、创业无价之类的言论了。

第五章

庖丁解牛时，物我两忘，幸福酣畅，实在令人叹为观止。著名心理学家希斯赞特米哈伊认为，庖丁的体验是人类所追求的真正幸福，专注地融入某件自己喜欢做的事，全力以赴，尽情发挥，完全忘记其他所有不相关事物的存在，这时内心会感到很自然，很轻松。他把这种体验称为"心流"（flow）。心流产生时会有高度的兴奋及充实感，并且能促进我们学业发展、心理成长，因此这种心流的体验越多，我们就拥有更健康茁壮的心灵，也越觉得快乐。

楚当当的艺考成绩公布了，分数相当不错，只要文化课过关，她肯定能上中国美院。于是大家决定要在周末庆祝一番。到了聚会当天，楚当当早早地来到断桥。可是，陆续有人请假，左等右等，最后只有杨略一人参加。

楚当当嘟着嘴说："就咱俩大眼瞪小眼的，还是算了吧。"

她原先的安排是，平时忙碌，好不容易出来放风，肯定得好好玩。趁着春光明媚，看看桃花，划划小船，玩三国杀、狼人游戏，再摆出各种古怪的姿势来合影。可现在呢，就俩人，玩什么都不行啊。

杨略看出了楚当当的失落。

"当当，其实，就我们两个人也没关系。我们可以租辆自行车，沿着白堤，一直骑到西泠桥，然后再去苏堤。说不定，我还可以给你讲讲西湖的典故呢。"

"好，我就接受你这文豪的熏陶。"

楚当当性情率真，执着于艺术，身上有股子洒脱劲儿。与她交流，杨略总是觉得很放松，很自如，当她是好兄弟。与之相比，他对葛怡的情感，则是爱中有敬，心里是紧张的。一想到葛怡，他心里难免酸楚。幸好楚当当已经跨上了单车。

"走吧！"

楚当当照例穿得随便，不过是一条背带牛仔裤，一件白色衬衣，此刻轻快地踩着踏板，两条小辫活泼地甩来荡去。虽说朋友来得不全，但她毕竟春风得意，所以脸上一扫往日的阴沉，变得明媚而娇艳。

杨略也追了上去，并驾齐驱，与当当开开玩笑，谈笑风生，不觉心里开朗了许多。

阳光很好，白堤苏堤都在春晓。一树树的桃花，正开得红艳艳的。

柳树的黑枝丫上，显出一片青绿，像水彩在宣纸上层层洇开，近看却只有点点叶芽，娇嫩剔透，让二人赞叹不已。

渐渐地就到了西泠桥，杨略详细地说了苏小小与阮郁的故事，说这二人才貌相当，情投意合，却不能白首终老，乃是千古憾事。又念了那首著名的苏小小诗："妾乘油壁车，郎跨青骢马。何处结同心，西陵松柏下。"

楚当当长于绘画，但对历史掌故却知之甚少，她以前一直以为苏小小就是苏东坡的妹妹，今天听杨略一说，才知道她是这样凄婉的才女，不由感慨一番。

再往前骑了一段，路边出现了一个老人的雕像，穿黑布大褂，戴瓜皮帽，留一把山羊须，一边观看湖光山色，一边在画册上写生。

"这是黄宾虹。"

这可是楚当当的强项了，她看过不少黄宾虹的画作，多少也临摹过几幅，对他的风格也了如指掌。可是那种微妙的审美感觉，她口拙嘴笨，难以用语言来表达。而对于黄宾虹的生平事迹，她因为没兴趣，所以不甚了然，所以最后只好说："是画山水画的。"

幸好她灵机一动，取出手机，上面刚好有几幅她在参观黄宾虹纪念室拍的照片，就给杨略看，是几幅云雾湖山图，笔墨纵横，气象万千。

正在看时，楚当当忽然指着远处，说："看，鸟——"

一只鸟从林中飞出来，黑白相间的翅膀扇动，一下，又一下，像慢镜头，他看得很分明，很安静，每一下都反射着阳光。背景是蓝空、山影、湖光。黄宾虹的画，似乎在眼前出现了。杨略觉得，这画面，真可以写首甜美的诗。

最后，他们一起坐在桥栏上，双脚悬空，荡来荡去，自由自在。农谚云，二月的天，孩子的脸，说变可就变了。乌云远远赶来，一下遮住了太阳。空气猎猎地涌动，撞击着树枝。湖水汹汹地涌动，撞击着岸石。几枝去年的芦花在摇摆，像洁白的拂尘。

"冷吗？"

"还好。"

"真不冷吗？"

"嗯。"

杨略在包里取出一件外套，给楚当当披上，袖子在脖子前面上打了个结，垂在胸前。然后左看右瞄，轻轻一番拉扯，收拾整齐。

"听歌吧。"楚当当取出耳塞。"这边是左，这边是右。右边给你，左边给我。"

许巍的歌就这样塞进了耳朵，是《旅行》：

只有青山藏在白云间
蝴蝶自由穿行在清涧
看那晚霞盛开在天边
有一群向西归鸟

歌词很美，歌声自在，轻盈，每句末尾又出乎意料地一落，如同乘车疾行，忽然跃然下坡，人的心魂一时悬了空，麻酥酥的，晃悠悠的，然而无处不妥帖，无处不润泽。

楚当当喜欢旅行，应该也有这般潇洒吧。杨略的眼前，已浮现出楚当当云游的形象：双肩包，画板，轻盈的身姿。

风恰到好处地扑面而来，和乐曲走得很合拍，又细致地将头发吹起，她的，他的。风鼓荡着一种豪气，逸气，灵气，他想唱歌，清越的歌，明亮的歌，却怕忘记歌词，于是改为念诗：

像一只燕子淡入春天
像一尾鱼淡入江南

像一滴水淡入柳烟
一扇门豁然敞开，又大提琴一般

委婉而坚决地关闭
一扇门就这样淡淡地远去
像一瓣羽毛淡入日光
涣然冰释，一无所余

楚当当微笑着，看看他，又看看湖水，然后闭上眼睛，轻轻地说："虽然听不懂，但意境很美，很像一幅画，可惜我没带画箱。"

杨略也笑笑，忽然觉得，诗画相和，是多么美的事情。而他在诗里随机写出的"一扇门"敞开又关闭，然后淡淡远去，似乎也是有所指。具体指什么，他却不愿说，就这样含蓄着，朦胧着，也是好的。

"我们合个影吧。"

楚当当也同意了。他们请了一个路人，就把坐在桥栏上自由的样子拍了下来。

然后，他们坐公交车回去了。

车子空敞，一晃一颠，窗外的梧桐、楼房、行人也跟着轻松地摇晃。车内人的脸孔，都有一种美意，说话声也琳琅动听。他觉得心里亮堂堂的，又满满的，盛了一泓清水，要溢出来了，要痒痒地笑了，嘴咧开了，眼角皱了，但很安恬，依旧是一道静水，浅浅地流，美美地流，自给自足地流。

"笑什么呢？"楚当当在一旁问。

"没什么。"杨略把头甩了甩，由于离心力，几朵笑声飞了出去，像转动的雨伞上飞出的水珠。

"没什么是什么？"

"就没什么。我经常这样的，一个人偷笑。"

"我也是。"

他看看她，又看向窗外，心里怦怦地跳动。一道活水，喧喧地流，美美地流，畏首畏尾地流。

可是，该流到哪里去呢？

不知出于什么心理，他把照片发到了微信朋友圈里，本来想加上一句："祝贺楚当当小朋友艺考成功，撒花！"又不知出于什么心理，他把这句话删了，就剩下两个少年，坐在青春的桥头，坐在浩荡的春风里。

不明就里的朋友评论："般配啊。"

知根知底的同学语带双关："这个坐姿，很危险哦。"

于是就有了种种传闻，毕竟是在高三，烦躁的生活里需要调剂。大家并不想追究真相。真相总是无趣的，好玩的就是这种模糊劲儿，适合窃窃私语，适合刨根问底，聊以解忧。

对这些传闻，杨略有几分得意，又有几分不安。他偷眼去看葛怡，她依然故我，只是更沉默了些，偶尔也烦躁了些。陶坷坷向她问功课，她说了一遍，陶坷坷没听明白，她居然高声说：

"你好笨啊。"

她以前时常这样笑吟吟地骂杨略，几乎成了他幸福的专利了。而这次居然说给陶坷坷听，杨略不由心里一酸。但随即发现，葛怡丝毫没有打情骂俏的意思，她皱着眉头，一脸烦躁，真是生气了。这在她是不常有的，几乎算是失态了。

杨略有几分得意，又有几分心疼。

而作为当事人中的另一人，楚当当却似乎浑然不觉，只是在自己的微信朋友圈里，接连不断转发一些画作。而那些画作的作者只有一个人，那就是她的指导老师端木宇。

最近，端木宇画出了一组戏曲人物油画，诸如昆曲《牡丹亭》中的杜丽娘和柳梦梅，面容是整齐清晰的，而戏服却用了金黄、殷红的色块，斑斓，璀璨，极丰富，又有种梦幻感，与《游园惊梦》的意境十分相符。而楚当当对作品的评价很简单，就是几个表情：一颗爱心，或是抛出飞吻。

杨略从中看到了端木宇的才气，也看出了楚当当的用意。楚当当这一手，真是无声胜有声，声明了立场，又不伤颜面。但杨略毕竟感觉出一丝尴尬。

"唉，我这是在做什么呀？"

当然，很快，传闻就消失了。毕竟是在高三，再大的新闻、绯闻，也抵不过高考的重要性。谁愿意在那些无聊事上耗时间？

自从一开学，老师们如同商量好了一般，都如上紧的发条，一节课紧似一节课。历史老师一脸严肃，告诫着大家："文科学生，就指望历史争分呢！这历史啊，又考记忆，又考理解，现在要抓紧了，抓紧每一分，每一秒，不要空度一天。"数学老师也大肆宣扬："文科的其他科目考的都是主观题，给你10分也行，给你8分你也没话说。只有数学，很严肃，也很客观，1是1，2是2，绝不含糊。只要认真学，数学就能拿高分，高考时就能往上拉名次……"

杨略自然也深知其中利害，他是一门课都不愿放弃。只是，前段时间心情抑郁，一些学习任务没完成，就让他有些恐慌，于是要加倍努力了。在每天的任务安排表上，他密密麻麻地写了许多。尤其是数学，他立志要做完三本习题集。

于是，他马不停蹄地看书，做题。做完一项，就在安排表的相应位置打钩，然后也不休息，立即转入下一项。

然而，有时候明明在做数学试卷，心里却想着语文的一些知识点没掌握，于是去看语文，但刚看了一点，却牵挂着数学，于是东一榔头西一棒子，一天下来，学习任务没能都完成，心里就越发浮躁。

有时候，他好不容易把本日的任务全部完成了，却没有如释重负的感觉。他成了移山的愚公，挖完了今天的几筐土，本来要休息了，可是一看大山依然巍峨，就着了慌，恨不能再多挖几筐，于是半点成就感也没有了。他的脑子里有个声音，对他抽着响鞭，大声呐喊：你该更努力一点，再努力一点。

他恨不能一天当两天用。

像是要响应这个愿望，他开始失眠了。前一次失眠，他是因为苦恋，只是个暂时现象。而这次呢，却是出于发自内心的恐慌。躺在床上，满脑子跑火车，什么杂乱的念头都在心里浮现。床头的闹钟噌噌噌地走着，声音清晰入耳，让他越来越着急，翻来覆去，难以成眠。

他默念了几首唐诗，心情稍微宁静，曾泉又不识时务地打起了呼噜，"咯啊啊——呼呜呜——"，不绝如缕，忽然翻了个身，鼾声停息了一会儿。杨略正觉清静，"咯啊啊——呼呜呜"，这次曾泉是侧躺，声音就直接穿入杨略耳朵了。

杨略用棉被捂住了耳朵，却也毫不济事。

他开始想葛怡，一如往日，他轻轻念着她的名字，心里涌动着柔情，眼前又盛开了洁白的栀子花，香气馥郁醉人。但不知怎的，楚当当的身影忽然闯进来。那天下午，他们坐公交车回家，当当先下了车，往前走了几步，忽然想到了什么，轻盈盈一个转身，双手握着背带，笑眯眯地看他，使劲地挥手，两条辫子一荡一荡。这个美好的场景，深深印刻在他脑海里，一想起来，心里就有几分甜蜜。但是他警觉了。

"我这是怎么了？难道真的移情了？"

他几乎看到了后果。葛怡将觉得他用情不专，从此一刀两断。而楚当当呢，也不可能接受，只会正色告诉他："我不愿成为感情的替代品。因为心灵太柔弱，容易受伤，我要好好保护。"

不过，唉，感情的替代品，又是什么意思呢？难道一旦倾心过一个人，就成了犯罪前科，再也无法洗净？感情经过转移就会变质？当然，他想得更多的，是对自己的谴责。他希望自己的情感干干净净，就为了一个人而盛开。

唉，浮躁啊，浮躁，已经让他难以专情了。

他这样自相矛盾地想着，不知过了多久，在半睡半醒之间，他做了个梦。在梦里，他飞快地奔跑，几乎足不点地。头顶上有什么阴沉沉地压下，怎么跑也躲不开。然后，他似乎坐上一辆火车。火车极快地奔驰，窗外是平整的原野。天空是蓝色的，云朵也是醒目的。然而他很不安。果然，车顶一声巨响，一只长着黑色鳞甲的手穿透铁皮，撕开车顶，露出一个黑甲的怪物，一脸狞笑，就要跳进来……

他猛地惊醒来。一看时间，三点多了，曾泉的鼾声已停，单昀正在咯咯咯磨牙，只有陈子轩的床上一点动静也没有。再一看，陈子轩的床上没有人。莫非，陈子轩刚才趁着大家睡觉，又溜去教室用功了？

他心里一阵发急，更是难以入眠，只好眼巴巴地看着东方既白，然后一身疲惫地开始新的一天。

周末回到家，爸爸没有催他读书，倒是让他放松一下，去打个球，看个电影。

"读书也不在这一会儿。"

杨略却舍不得浪费时间，绕着小区跑了一圈，身上出了微汗，就回来了。坐在客厅里，打开电视，点播了一部电影。他是希望科幻乃至魔幻题材的，就点开了《永无止境》，而且一看就入了迷。

片子说的是一位作家，长期没有灵感，看着截稿日期越来越近，却毫无办法，脑子像一锅糨糊一样，打开电脑，却憋不出一个字，于是只好顶着油腻的乱发在街上乱走。谁想，一个机缘巧合，他得到一种神药，NZT，忽然心智大开，极度专注，灵感如滔滔流水，连绵不绝，转瞬之间，就写好了文章，而且还有余暇，将像狗窝一般的房间清理干净。此后，他就依赖上了NZT，有了它，他的大脑潜能全部被激发，随便听听广播就能学会各种外语，看看股市数据表顿时掌握了未来走向，更不用说天文地理无所不通。最后，他成为参议员，目标直指美国总统。可是，一旦没了药，他却无法集中注意力，精力涣散，头脑混沌一片。

爸爸从书房里走出来，坐在他身边。

"这电影讲什么的？"

杨略大概描述了电影情节，就开始感叹脑子不好用，专注力不够，记忆力不够好。

"爸，你说，那些杰出的人物们，是不是都嗑过这个药啊？要不然，他们的脑子怎么那么好使呢。就拿你最喜欢的苏轼来说，他一辈子才活了六十来年，可在文学、绘画、书法、史学方面的成就都首屈一指，真是让人不服气啊。"

"苏轼是两千年才出一个……"

"是啊，人比人，气死人。人家二十出头就考中榜眼。而我呢，连高考都对付不了……"

于是他油然而生沮丧之意了。

爸爸知道，杨略心气是很高的，这本是好事，毕竟要想走得高，走得远，心里格局要大。可惜的是，心气一高，参照系也高，所以很容易沮丧。

"略略，我来归纳一下你的现状，好不好？"

"好啊。"

"你的现状啊，都写在脸上了。瞧你一脸的焦灼不安，连我看了都着急。不错，距离高考只有三个月了，而成绩不能如愿，所以你想用功。而且你肯定是这样想的，你努力了，花时间了，成绩就该像气球一样迅速鼓起来。可是呢，学习这件事情，不会立竿见影。就像春耕而秋收一般，想要拔苗助长，往往事与愿违。你啊，越是关键时刻，越是不能急。"

"可不急，能行吗？这都火烧眉毛了。"

"急,有用吗?"

杨略无奈地摇摇头。

"就是嘛,越是性急,越是浮躁,心静不下来,效率反而越低。"

"那我该怎么办呢?"

"你需要投入,需要专注,以此破除浮躁的迷局。而且,投入也是快乐之源。"

杨略听完这句话,再看爸爸的表情,心里知道,爸爸要开始上课了。于是,他安静地坐好,开始聆听第五堂课的内容。

第五课　倾心投入学业和事业

略略,真的,我们这个国家都陷入了浮躁。50年代大炼钢铁,每家都把铁锅砸了去炼钢铁,发誓要让钢铁产量赶英超美,可是,这样竭泽而渔似的炼钢,后继乏力,后来灾难接踵而至。中国现在的经济高速增长,举国欢庆,可是环境污染(比如雾霾)正影响着我们的健康,使医疗支出成倍增长,这侵蚀着人们生活品质。

对于年轻人而言,房价坐着火箭上升,物价都练就了筋斗云。马年到了,我们在马上画了房子、车子、钞票,希望马上有房、马上有车、马上有钱,于是一个个把自己磨砺得像刀片一样,砍向纷繁复杂的社会,都恨不能一夜成名、一夜致富。我们崇尚快捷、方便,渐渐把自己的心灵磨损了,变得功利、务实、暮气沉沉。

什么叫浮躁?"躁"者"急"也。而"浮"的意思是"漂流",两个字合在一起,就是"奔波不息,却又无处歇脚,因此四处飘荡,不得安心"。这是不是和"忙"者"心亡"是一个意思呢?

略略,你是不是就处于这种"四处飘荡,不得安心"的状态呢?我们分享一个充满禅意的小故事吧。

老师父分给本、静、安每人一颗古老的莲花种子。"这是几千年前的莲花种子，非常珍贵，你们去把它种出来吧。"

拿到种子后，本就想，我要第一个把它种出来！他马上跑去寻找锄头，把种子埋进雪地里。本等了很久，种子也没有发芽，他愤怒地刨掉了地，摔断了锄头，不再干了。

而静拿到种子，开始想，怎样才能种出来呢？他想要挑出最好的花盆，这样就一定会种出千年莲花的。他将选好的金花盆搬来，放在最温暖的房间里，用了最名贵的药水和花土，小心地种下了种子。过了几天，种子发芽了，静把它当成宝贝，用金罩子罩住它。可是，小幼芽因为得不到阳光和氧气，没过几天就枯死了。

而安拿到种子后，把种子装进小布袋里，挂在自己胸前。当本把种子埋进雪地时，他在清扫寺院中的积雪。在静四处找花盆时，安一如往常，清晨早早去挑水，晚课后去散步。一直等到春天降临，安在池塘一角种下了种子。不久，种子在温暖的春光下发芽了。盛夏的清晨，古老的千年莲花轻轻盛开了。

在这三个小和尚中，本最为浮躁。在他看来，种子是否会发芽不再重要了，重要的是"第一个"！他不知道万物有时，万物有序，在雪地上种下莲子，结果一无所得。而静却用自以为是的爱，用了最好的花盆，最温暖的房间，却武断地拒绝了滋养莲子的阳光和氧气，最后伤害了它。

这就像你在学习时，太看重排名，在疲倦的时候用功，不遵循学习规律，不运用学习方法，最终却无成效。

而安却将千年莲花种子郑重地装进小布袋，挂在胸前，尊重它原来的样子，郑重地等待；他从容如一地去买东西、扫雪、做斋饭、挑水；他悠悠然散步，迎接每一个当下的样子。种出璀璨的莲花是一场极致的盛事，可享受生活的过程，享受那些平凡的琐事，享受每一个安然的等待，何尝不是生命的智慧？

学习不也是这样吗？

取得出色的高考成绩，进入心仪的高等学府，当然是一场极致的盛典。但享受学习的过程，享受投入的求知乐趣，享受听课时的心领神会，享受耐心思考后的豁然开朗，静静投入，专注入神，享受每一刻时光，这才是快乐的真意啊。

接下来，我们要辨别浮躁，了解它的害处。

一、浮躁的表现和危害

专家在研究中发现，浮躁情绪在学习中有四种表现：

（1）上课时不懂装懂；

（2）没看清题意马上做；

（3）做完题目不检查；

（4）将错误归因于粗心。

略略，扪心自问一下，你在学习中，会不会也有这样的浮躁情绪呢？如果有，甚至有好几条，那么学习成绩不理想也是难免的。

接下来，我们对这些问题一一进行分析和破解。

（1）上课时不懂装懂。

课堂上，老师讲了一段，问大家："大家懂了吗？"满教室的人都齐声回答："懂——了！"但他们真的都懂了？有些人其实是半懂不懂，只是自认为懂了，并且认为说"不懂"很没面子，于是随声附和，心里想："差不多，好像会了。"而他一旦这样想，学习过程即告停止。

其实，根据教育规律，说"差不多"意思就是"差得多"！"好像会了"意思就是"肯定不会"！所以，有一句俗话：成功的路上尽是失败者。他们距离成功有的远，有的近，有的甚至只差一步。但他们停下来了，学习停止了，在没有充分学会的时候，学习停止了。这样，当时认为学会的知识,其实根本就没有掌握,考试的时候考不出来就是自然而然的事情了。

(2)没看清题意马上做。

学生很多时候看到题目,没有仔细审题,而是急于动手,所以经常出现题目看不清,条件没有看全就开始做题。这种情况做对的可能就很小。等到题目做错了,才恍然大悟——原来有个条件没看清楚!

就拿你的表姐朵朵来说吧,她原本数学不错,可以考得接近满分,在高考之后,她信心满满,觉得起码140分以上,可一对答案后,她大惊失色,两道大题目,明明都会做的,却因为条件没看清,从头错到尾,足足扣了20分,真令她捶胸顿足。当然,她碍于面子,在你我面前,还是表现得很淡定。

因此,学生拿到题目的时候,首先要有一个平静的心态,不要急着做题,而是要先把题目看清楚再做。例如:这个题目考什么知识点?给出的直接条件是不是能够解出题目?有什么隐含条件?还需要什么条件才能解出问题,等等。

唯有如此,才能正确把握题意。

(3)做完题目不检查。

很多同学总是急匆匆地把题目做完就交上去了,让他检查,他就根本检查不下去,有些很明显的问题,本来应该一眼就可以看出来,但他盯着看半天都看不到问题。学习不理想最重要的原因是浮躁。不检查就上交是浮躁最典型的表现之一。学生做完题目后,耐心已经达到极点,最想的事情就是赶紧交上去万事大吉。这种浮躁心态是学习的大敌,如果不彻底解决,学习永远不会好。

(4)将错误归因于粗心。

拿到作业本,或是试卷,看到红色的叉叉,认真一看,原来是这里错了。

"唉,我真是太粗心了!"

于是以一句"下不为例",轻描淡写地过去了。

而我与许多学生家长接触时,发现他们也时常说:"孩子脑子很好,就是太粗心。"但这不过是个美丽的借口,让人自我安慰,甚至自我麻痹。

因为许多错误,不是因为粗心,而是因为基础知识不扎实、做题能力不高或者学习态度不认真。而一旦将错误归因于粗心,那就不会再认真分析做错试题的真正原因,进步也无从谈起。

因此,有一位中学老师说:"粗心是弱智的表现。"的确,我们决不能用粗心掩盖学习上的深层次问题。

面对考试,面对决定命运的高考,我们应该迅速抛掉学习上的浮躁情绪,把心沉下去,让情绪稳定下来,让生活简单起来,全神贯注于知识的落实与能力的提高。

二、用投入来战胜浮躁

画家陈丹青给导演贾樟柯的书《贾想》写序,最末一段让我动心。

有年轻人问:"谁能救救我们?"我的回答可能会让年轻人不舒服:这是奴才的思维。永远不要等着谁来救我们。每个人应该自己救自己,从小救起来。什么叫做救自己呢?以我的理解,就是忠实自己的感觉,认真做每一件事,不要烦,不要放弃,不要敷衍。哪怕写文章时标点符号弄清楚,不要有错别字——这就是我所谓的自己救自己。我们都得一步一步救自己,我靠的是一笔一笔地画画,贾樟柯靠的是一寸一寸的胶片。

在我看来,他所说的"一笔一笔地画画","一寸一寸的胶片",这和我一字一字地写作,你一道一道地解题一样,都是投入,不浮躁。等你读了大学,有更多时间追逐梦想,更要一点一点积累,一本一本地看书，一篇一篇地写作，渐渐火候到了，你自然能发现视野越来越开阔，而现在纠缠着年轻人的房子啊、车子啊，都会迎刃而解。

听到房子和车子，杨略忽然插嘴了。

"爸爸，就现在这样的房价，年轻人就算再投入，再不浮躁，也不可能买得起啊？"

"这也是实情。房价的确不合理，不过，真的勇士不会整日抱怨。我给你看一篇小文章，是我的学生郝笑笑发在微信朋友圈里的。"

杨略接过爸爸的手机，一行行地看下去。

付完定金后，我们在杭州凭借自身努力买的第一套房也就基本落实了，不免很是感慨。记得五年前，我大四，刚去保险公司工作，有一顿没一顿，和老公租一套一千元每月的房子都觉奢侈。但我们每天专注于追求自我成长，不在乎暂时的收入高低，只看重未来发展和自我积累。不知不觉中，我们突然发现有实力可以买房了。虽然房子不大，也算是在杭州有一个属于自己的窝了。刚毕业时，觉得杭州的房价是天价，如今也没下降。只是我们长大了，这个过程不算短，也不算长，足足五年。下一个五年，我会把更多的时间用于提升自己，服务客户和团队，照顾家庭，因为所有的一切都是这些贵人和我最亲爱的老公给予我的！感谢上帝，曾经的苦难都是考验，曾经的挫折都是奖励，他爱我们，总是以另一种形式出现。

文字很朴实，两个二十六岁的年轻人，不靠父母，只靠奋斗，用五年时间，就积攒了四五十万，付了房子的首付，这的确是让人钦佩的。

"你这个学生可真能干！"

爸爸点点头，继续开始了自己的授课。

略略，我对郝笑笑了解甚深。她生在安徽淮北，父母皆务农，愿望也朴实，就希望女儿大学毕业，找份稳定工作，过平静祥和的日子。而保险业，没有底薪，收入全凭业绩，算是最不稳定的行当了。所以郝笑笑刚参加工作时，不敢告诉父母实情，而只是说，她在报社工作，收入不错，同事和睦，工作轻松，非常稳定。

可她的真实生活呢，却过得十分艰辛。有时甚至吃不上饭，就故意在饭点时拜访客户，顺便蹭上一顿。每次爸妈打电话来问工作，她总要编上一堆谎言，说什么领导很好啦，同事很帮忙啦，稿件发表并且获奖啦。挂上电话时，她不免泪流满面。

尽管如此，她深信保险的意义是帮人未雨绸缪，也知道保险业的发展前景，所以矢志不移，专注工作五年，不知不觉间，仅靠自己和丈夫的积蓄，就在杭州买下单价2.5万、总价130多万的房子，这算是个小奇迹，让许多望楼兴叹、怨天尤人之辈汗颜不已。而直到这时，父母才知道，原来她一直在做保险，看到她那样乖巧，做事又用心，职位也不断升迁，心里无比感动，不免抱头痛哭一回。

而我从她的描述中，看不到自傲，而只是执着。她投入地工作，拜访一个又一个客户，经历各种心酸，渐渐赢得信任，收获签单，并成立工作室，不急不躁，一路品尝着成长的艰辛与快乐，不知不觉间，月入就过了三万，不知不觉间，积蓄就可以承担买房的首付。

我说："你工作这么几年，就能买房，的确能干。"

她说："其实我觉得，虽然房价很高，但只要收入增长超过房价增长的速度，再经过时间的积累，还是没问题的。那些叫着买不起的，都是刚毕业时选择了轻松的工作，工作时又不够努力，不再学习成长，工作几年工资都不变。我身边有很多外地人，都买房买车结婚生子，并且事业发展很好。"

我赞同。"是的，刚毕业就想要钱多活少离家近，面对房价满腹抱怨，不努力而想一步登天，所以浮躁又没成果。"

她感叹:"我现在越来越觉得快就是慢,慢就是快。"

略略,看到这里,你会不会觉得有些离题:怎么不说读书的事儿了?其实,我一直觉得读书只是成长的一方面,过于急躁冒进,不过是拔苗助长,不仅于成绩无所裨益,对成长更是不利。

我对你的建议是,戒除浮躁,制定学习计划,按部就班,不急不忙,专注地各个击破,品味一个个"心流"时刻。

三、用心流促进高效学习

关于"心流",我们以前在谈专注力时也谈过。现在我想再补充几句。你很熟悉《庖丁解牛》这篇文章,其中就有着美妙的"心流"时刻。

首先是庖丁的解牛表演。

庖丁为文惠君解牛,手之所触,肩之所倚,足之所履,膝之所踦,砉然响然,奏刀騞然,莫不中音。合于《桑林》之舞,乃中《经首》之会。

(厨师为文惠王宰牛,手之所触,肩之所靠,脚之所踩,膝之所抵,哗哗作响,进刀时豁豁地,无不合乎音律。既合《桑林》舞乐的节拍,又合《经首》乐曲的节奏。)

庖丁的宰牛技术上升到舞蹈艺术,物我两忘、幸福酣畅,实在令人叹为观止。他宰牛结束时,"提刀而立,为之四顾,为之踌躇满志,善刀而藏之",真是潇洒从容,顾盼自雄。他从宰牛这种低贱的工作中,获得人生的大快乐。

后来,这篇文章漂洋过海,来到美国,被著名心理学家希斯赞特米哈伊看到,不由击节称赞,认为庖丁幸福酣畅的体验是人类所追求的真正幸福的体验。

他经研究后提出,人类最快乐的状态,是专注地融入某件自己喜欢做的事，全力以赴、尽情发挥，完全忘记其他所有不相关事物的存在，这时内心会感到很自然，很轻松，他把这种体验称为"心流"（flow）。

心流产生时会有高度的兴奋及充实感，并且能促进我们学业发展、心理成长，因此这种心流的体验越多，我们就拥有更健康茁壮的心灵，也越觉得快乐。

那么，什么时候我们最容易得到心流呢？越来越多的积极心理学研究发现，大吃大喝、坐享其成、沉醉网游都不能。

万科集团董事长王石说过："只要喜欢上登山，就会上瘾，不登就会非常难受。虽然说目标是登顶，但其实体验的是过程。"他登顶七大洲最高峰，徒步到达南极和北极，是全球为数不超过十人的"7+2"探险活动完成者之一。登山已成为他的一种生活状态，让他觉得生活更有意义。每当从高海拔的山上下来，他形容自己感觉好极了，浑身血管脉络非常舒畅，人非常轻盈，仿佛透明一般。

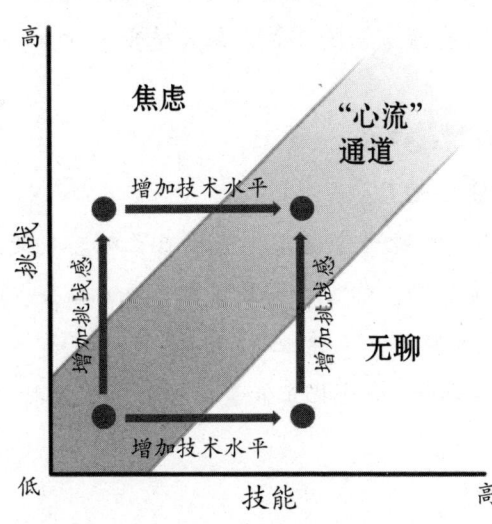

可见，凡奋斗、努力、思考、学习、工作等等，有具体目标，有挑战性，有及时回馈，才带给我们心流体验。

如果学习中有更多的心流体验，我们会更多地感受到思维、创作过程本身的美，也会滋长出内在的兴趣。

那么，我们怎样创造心流时刻呢？

四、心灵体操：创造"心流"时刻

第一，制定目标。

目标一定要切合实际，不能好高骛远，同时还要清晰可视。我看过你的每日任务表，由于你的急躁，所以任务安排得太多，难以完成，这会极大损害你的积极性，并且变得更为浮躁。你要安排合理的任务，剔除杂念，专心致志，身心合一，沉浸于学习之中，获得宁静和愉悦。

第二，自我奖励。

我们常会遇到这种情况，刚开始做事时很有新鲜感，但是目标太遥远，感受不到进步，又容易受周围环境的影响，慢慢地也就开始懈怠了。

如果我们写一本书，当你写完一千字，完成今天的任务，可是距离整本书20万字，还有遥远的距离，于是我们容易焦急，恐慌，觉得写完全书遥不可及，这也会损害我们的耐心。这时，我们要自我奖励，告诉自己，又向目标迈进了一步。看看下面的公式，每天进步一点点，用了一年的时间，肯定焕然一新。

$$1.01^{365}=37.8$$
$$0.99^{365}=0.03$$

你能小看每天的小小进步吗？创造一些仪式，奖励自己吧。我是每次有进步，就给自己买一本心爱的书。你呢？如果完成了每日任务，可以写则微信告知大家，接受众人膜拜，或者把学习收获与人交流，这都能给你及时的反馈。如果你这样做，将能把正能量向你的同学辐射，形成一个积极进取的"小环境"。

第三，排除干扰。

深入思考往往需要有一整段不受打扰的时间，在日常生活中，常常有闲事打扰（例如用手机、QQ聊天），看起来没花多少时间，但一整块可供思考的时间变得零碎了，注意力来回的切换无形中也要耗费大量的精力。战场上炮火连天，硝烟弥漫，瞬息万变。而指挥者总是表情沉静，不慌不乱，判断着战局，考虑着部署。不管环境多么嘈杂，当我进入阅读时，对周围的一切因素置若罔闻，用一颗沉静的心灵，攻克每一道难题。

第四，张弛有度。

许多同学学习、休息节奏不分明，最终导致效率低下。所以你要做的，就是在短时间内一下把注意力集中，高效率地学习。要这样训练自己："迅疾如风，侵掠如火，不动如山。"这样的训练才能使自己的专注力越来越强。

在学习中，我们要善用心流体验，从而更多地感受到思维、学习过程本身的美，滋长出学习的内在兴趣，帮助我们发展高超技巧，并自信昂扬地向高难度任务挑战。因为不论做什么事，若能获得心流，都是最为快乐的时刻。

今天的课就先上到这里吧。

杨略听完了课，不禁深感惭愧。对于"心流"，他是懂的，也曾有过体验，但最近却远离了这种快乐，先是悲观厌世，再是贪功冒进，都与快乐无缘。

其实，浮躁的远不止他一人。

陈子轩自从认识了夏大明，就时常随他出去。夏大明也仗义，当他是哥们，吃饭，聊天，那是常有的事儿。而且每次出去，他都是开一辆奥迪A4L，吃饭的地方虽说不太上档次，但对于少不经事的陈子轩，这已经是极大的优待了。

这一天是周末，夏大明又叫陈子轩吃饭。饭桌上，他忽然说，一会儿要去看看新房，顺便带他一起去。据他自己说，近年房价暴涨，他靠创业挣了钱，立刻买了房，目前已有两处房产。

"买了就赚，这边靠近大学城，以后肯定是黄金地段。"他手握方向盘，不无得意地说。而陈子轩只有点头艳羡膜拜的份儿。在他看来，买房，简直是遥不可及的事情。

半小时后，车子驶进一个门厅豪华的小区。一个高大的凯旋门，两边保安密切注视。里面有别墅、小排楼、高楼，错落有致，墙面乳白，纵横几道天蓝。楼距很宽，留着车道和草坪。房前都栽着桂树，路边停着私家车。小区中间又开辟一块绿地，青草茂盛。边上整齐地放着几只石鼓，两侧雕着狮头，黑苔斑斑，有的略有破损，竟是有年头的古物。一口池塘里，立着一支喷泉。

车子在一幢楼下停住。夏大明开启厚重的防盗门。房子还没装修，但看得出来，里面很宽敞，估计有一百五十平米。站在阳台上，可以看见楼下的游泳池，正蓄着蓝蓝的一池碧水。

什么时候自己也能有这样的一套房子呢？陈子轩又开始幻想了。他喜欢这样，放任幻想的马儿撒蹄奔驰。是的，凭借他的绘画功底，肯定会匠心独运，自己设计图纸，把家装点得简洁明快，温馨和谐。

书房是静穆的，黑白亮色，书架里摆满各类书籍，整齐庄严。白色墙面上，挂一幅行云流水的书法，可以让你安静思考写作。客厅是典雅的，舒展的，适合好友三五，高谈阔论的。厨房要清新，绘着香蕉苹果，一看就胃口大开。卧室呢，要格外温馨，橘红色的灯光和墙面。房子最好是在顶楼，这样屋顶开个天窗，白天可以看见流云，晚上可以看见星月。他将拥着心爱的妻子，共享柔情与快乐。

妻子？陈子轩心里一荡。多么亲切的称谓，适合精心呵护。自然的，他想到了储旭亮。可那样亲密可心的日子，何时才能到来呢？

陈子轩曾想过，就算努力读书，凭自己的成绩，顶多上个二本。等到毕业，找一份工作，然后就得买房。毕竟，谁愿意嫁给没有房子的男人呢？凭借他的家底，要么就沦为房奴，要么就想做房奴而不可得。

他往后的日子得这样安排。先是买房，两百万起步，外加装修啊电器啊什么啊，又得三四十万。父母是指望不上了。这笔钱哪，全得他自己支付。屈指一算，即便年薪十万，养房子啊，也免不了花二三十年的。怎么办呢？妻子怎么过？算计着过呗，省吃俭用，粗茶淡饭，好不容易还完贷款，该松口气了吧，孩子却十几了，正是最花钱的时候。个子噌噌地长，学费也噌噌地长，能不精心培养他吗？

所以接下来的日子，他就得为孩子活着。培养他读书，要考重点学校，考不上呢，得花钱买，美其名曰交赞助费。他能不花这个钱吗？读不了重点小学、重点中学，就考不上重点大学。考不上重点大学，孩子的一辈子不就毁了？要是孩子乖巧懂事，那倒也罢了。大把花钱，心里也舒坦。最怕的就是孩子不长进，上课调皮捣蛋，下课四处撒野，隔三差五的有老师家长铁青着脸来举报。在孩子面前，他还得做二皮脸，一边和颜悦色地教育，一边得拿扫把追着打。

这些还不算烦心的。手头总是那么紧。他靠画漫画，估计挣不来几个钱，哪里够花呢？除非画出名堂，一本书就能挣上几十万。唉，谈何容易啊。那怎么办呢？只能什么来钱干什么，眼珠子都掉钱窟窿眼儿里了，恨不能买彩票中个五百万。那时候啊，看人家大把大把地捞钱，心里还真不是滋味。什么理想啊梦想啊，在现实面前统统完蛋。

好不容易孩子长大了，成家立业了，单门独户过日子了，自己呢，一晃也年过半百了，最好的时间都付诸东流了。奔波奔得一身是病，赚钱赚得利欲熏心，纵然清闲下来，内心浑浊，他还能享受什么？还有心情拥抱同样年过半百、满脸褶子的老妻，一起看日升月落？

陈子轩想着想着就有些心灰意冷，这日子过着有什么劲呢？穷人家的孩子最可怜，即便学习成绩好，可后来有几个能有大成就的？为什么呢？穷人家孩子早当家啊。早当家，就成不了大家，一辈子柴米油盐，精力就被消磨掉了。

还是得创业啊，早点创业，早点挣钱，说不定，还可以在二十五岁时，也像夏大明一样，有两套房子，有大笔存款，然后安心地作画，发展他的事业,也带心爱的人四处旅行。

可是,怎样才能做到呢?

他站在窗口,心里五味杂陈。开始下雨了,游泳池被打出许多圆点,涟漪纷纷扩散开去。圆点太多了,涟漪就相互交错,激荡,一片杂乱无章,池水像条着了怒鞭的鱼,鳞片散乱。

他的心思也乱了。

第六章

世间有许多人,比如约翰·洛克菲勒、安德鲁·卡内基、比尔·盖茨、沃伦·巴菲特、邵逸夫,他们的后半生都在忙着把他们前半生赚来的钱捐给科学、医药、文化和教育事业,的确创造了意义,但在前半生,他们是为了赢而赢。他们在成就中品尝到快乐,并焕发了更旺盛的斗志,更澎湃的激情,进而获得了更高的成就。但对成就的过分追求,也容易让心灵失衡,忘却自己真心想要的,而只顾盲目攀比。所以,我们必须战胜过度的成就欲望,不要让盲目攀比伤害我们的幸福。

周末放了两天假,即便是高三,学校也不安排课程,但学生们大都自觉选择留校。只有少数几个人选择了休假。其一是楚当当,她是艺术生,而且已经通过艺考,文化课要求不高,所以颇显自在,让同学们极为羡慕。

另一个是陶坷坷,他要去托福班做最后冲刺。这是让同学们又嫉妒又佩服的。嫉妒的是,他含着金钥匙出生,成绩虽不太好,却可以选择出国深造,日后做父亲的接班人。而佩服的是,这位少爷养尊处优,懒散多年,如今却胸怀大志,不屑于花父亲的钱,想自己申请国外名校奖学金,所以正在马不停蹄,用一年功夫,补三年课程。同学们都说:"看人家高富帅都这么用功,咱们这些屌丝还有什么理由不玩命啊!"

还有一个缺席的,则是陈子轩。这倒是怪事,因为他是最没有理由放松的。他在高二时荒废过一段光阴,高三幡然醒悟,玩了几个月的命,排名也前移了,漫画作品也发表了,照理说,就该乘胜追击。然而,他居然也放假了。颇有一些同学私下里评论,说他毕竟松散惯了,基础太差,难做持久战。说这话时,同学们是有些幸灾乐祸的。高三了嘛,同学们既是战友,也是竞争对手。

葛怡从这学期开始,也要求住了校。尽管她家并不远,骑自行车也就十几分钟的事儿,但她说寝室里更有学习氛围。不过一个休息天,她还是被她妈妈叫回去了。妈妈有个朋友的孩子,去年考上了北京大学,可以给她辅导一下。

"唉,也不知道妈妈哪儿认识这么多人。"

葛怡骑着自行车,一路抱怨着。请同辈来辅导,这当然是好事,但次数一多,葛怡也觉麻烦。因为学习之道,各有章法,尖子生们当然牛逼闪闪，可他们的方法，毕竟不能拿来就用，听多了就觉无所适从。或许，葛怡妈妈用意不在于此，她只是想立一些标杆，给葛怡压力。在她看来，女儿还是不够优秀。而不优秀的原因，就是志向不够高，勤奋不到位，需要有人现身说法，刺激刺激她。

到了张生记饭店，妈妈迎出来。她面容姣好，保养得细致白净，穿乳白色收腰的小西装，扎一条宝蓝色丝质围巾，下面是一条米白色绣银花纹的短裙，真是典雅大方。与她相比，葛怡尽管天生丽质，但到底少了几分韵味。

"葛怡，才来啊。路上冷不冷？"妈妈一把拉住女儿的手，就往包厢里走，"今天来的是你王阿姨，还有她儿子朱宇文，人家现在是北大学生，好好向人家学学。"

葛怡答应着，心里却有被逼相亲的感觉，实在有几分别扭。走进包厢，里面的两个人都站起来。

"呀，葛怡都这么大了。哎呀，你瞧瞧，真是亭亭玉立，和你妈妈年轻时一模一样。"王阿姨是个肥脸粗腰的中年妇女，说话是极热烈的。

旁边站着一个瘦高的男生，戴眼镜，白净的瓜子脸，看到葛怡清丽的模样，居然呆在那儿，一声也不言语。

"宇文，这是葛怡，忘了，你们小时候还一起玩儿呢。"他妈妈似乎有些尴尬，"瞧我这孩子，没见过世面，见笑了。宇文，你们俩坐一块儿，好好聊聊学习。"

朱宇文连脖子都红了，坐下去后，再不知该说些什么，只是局促地绞着手指。葛怡看他比自己还紧张，倒也有些好笑，但也找不出话题来。她这次来，本就没什么求知欲。

葛怡妈妈看出了他们的处境，就说："宇文，你给葛怡说说，你高考前那一百天，都是怎么复习的。"

朱宇文得了命令，就一五一十地说起来。他用的什么资料啊，学习时间的安排啊，做题的技巧啊。声音细微，又不太敢看葛怡，所以像是在自言自语。葛怡听了个模模糊糊,只是偶尔点点头,假装听出了心得,但内心是更为失落了。

"有这时间,还不如去做几道题呢。"

她想着,就开始大口地吃菜,想尽快结束这场取经会。但毕竟要避免场面冷落,她就问:"北大好玩吗?"

"好玩啊,有湖,有塔,有名家讲座,"朱宇文忽然自信起来,看着葛怡,口齿也伶俐了一些,"最重要的是,那里有历史,有传统,让我们这些新生,时时刻刻都受到激励。"

葛怡妈妈听到了这句话,立即就作为教材,要塞到葛怡的脑子里去。

"听到了没有,要上,你就得上北大。"

对于葛怡而言,这自然是现实,学文科而不向往北大,那是不可思议的。但妈妈这么一强调,她无端地有些反感。

"北大毕业生还卖肉呢。"

"陆步轩不是卖肉,是体验……体验生活。"朱宇文似乎受了刺激,声音提高了不少,几乎是在争辩了,"作家能……能不体验生活吗?"

"其实,卖肉也不错啊,只要自己喜欢。"

"北大毕业生能干这种下贱活儿吗?北大学生,就应该……应该指点江山……"朱宇文激动起来。

"哪有那么多指点江山的活儿啊,大多数人还不是打打工。"

朱宇文似乎不服气,但又无法反驳,就有些不知所措,像是被折了锐气。他是被吹捧久了的,又没有闻过则喜的修养,不免有些郁闷。葛怡倒有些不好意思了,就问:"你读什么专业?"

"外贸。"

"喜欢吗?"

朱宇文迟疑了一下,看了一眼妈妈,慎重地说:"这个专业前景很好。"

这个回答,并不出乎葛怡的意料。大多数人都是这样观点,选专业看前途，不看兴趣。

"那你毕业以后想做什么？"

"出国。"

"出完国呢？"

朱宇文嗫嚅了半天，却没响应，最后老实地说："我还没想过。"

于是，辅导课的师生颠倒了。朱宇文这个老师倒被考问了一番，而葛怡呢，无端地逞了一回口舌之能，心里隐隐有些得意。

但双方的妈妈却有些尴尬了。

朱宇文妈妈说："我们文文还小呢，等出国了，再考虑以后做什么吧。"她甚至摸了摸朱宇文的头顶，当他是个宠物。

葛怡妈妈就坡下驴，把一块五花肉夹到他的碗里。

"就是，车到山前必有路，我们宇文是高才生，前途无量！"

但谈话毕竟是不愉快了。于是两个妈妈还在聊天，两个小孩却在闷闷地吃饭。到了一点钟，朱宇文和他妈妈要去扫墓，就先走了。葛怡妈妈用笑脸送走客人后，就在葛怡面前拉下了脸。

"瞧你，好不容易请了个好老师，给你现身说法，你倒好，还不给人家面子。"

"妈，你瞧他那样，会有出息吗？"

"都考上北大了，还能没出息？"

"考北大就一定有出息吗？我看他，没目标，不独立，估计是为考北大而考北大，为出国而出国，但他到底要什么，肯定是没想过。说不定啊，以后工作还得他妈妈安排呢。"

"能安排，有什么不好的。你都不知道现在找工作有多难。听我的，葛怡，你要学就学金融，学经济，以后接我的班。"葛怡妈妈是银行支行行长，能为葛怡创造良好的就业机会。

"可我对金融没兴趣。"

"一天到晚兴趣兴趣，兴趣能当饭吃？"

这样的对话，以前也进行过许多遍了。葛怡志在教育，而她妈妈认为，教书匠没什么出息，银行业才有前途。

这次葛怡无心争辩，就低声地问道："妈妈，你要我用功，然后学金融，图什么呀？"

"你这孩子，怎么说这糊涂话？是不是受小市民价值观影响了？什么男怕入错行，女怕嫁错郎。我告诉你，女孩子要想活得好，有尊严，就必须入对行，要自立。自立，懂吗？就不能靠男人。唉，我都懒得说你爸了。反正一句话，你一定要做得最好，明白吗？"

"也就是要做得像你一样好，对吗？"

"葛怡，妈妈现在是支行行长，以后呢，你来接我班，再当分行行长，最好当上总行行长，青出于蓝嘛。哈哈。人啊，就得有点志向！"

说到这儿，妈妈又开始感慨起来。

"唉，我是被你爸耽误了。想当年搞对象的时候，我觉得你爸这人虽说出生于农村，但凭借自己用功考上大学，很上进，人也老实，就跟了他。谁知道呢，他就是个死脑筋，做了个清水衙门的处长，不思进取了，整天是无所事事，就干点养花养草的事儿。我想要发展，就全得靠自己，可惜耽误了很多年，现在是力不从心了。所以啊，这不就指望你延续我的事业了吗？"

这段事情，葛怡不知听了多少遍。爸妈吵架时，会拿这话来说事。妈妈教育她时，也会拿爸爸当反面典型。以前她总觉得妈妈能干，盛气凌人。爸爸窝囊，不过很体贴，所以葛怡既同情爸爸，也喜欢爸爸，所以总愿站在爸爸那头。然而这次，她忽然觉得妈妈其实很可怜。

"妈，你过得开心吗？"

"开心？"妈妈愣了一愣，似乎在反问，也似乎在回味。

"是啊，妈，你这么能干，是个典型的女强人，可是你开心吗？"

"应该……是开心的吧。"

葛怡看着妈妈，很想把一件天大的秘密告诉她，然而话到嘴边，却又咽了回去。因为她不敢想象,这个秘密一旦说出,会引发怎样的大爆炸。

三天假期转瞬即逝。楚当当回来了,陶坷坷回来了,可陈子轩却没有回来。星期一的上午,欧阳老师看着那个空位,像是牙床上少了一颗牙齿,心里总有些别扭。

"陈子轩呢?"

同学们都摇头。欧阳老师要赶进度,分析之前的语文试卷,下课时年级组又开会,就匆匆走了,没有多问陈子轩的事。但到了下午,他照例来教室巡视,却发现陈子轩还没出现,就有些着急,找到陈子轩的几个室友来询问。

大家都开始回忆,一时有些七嘴八舌。

"今天没见过他。"

"昨天晚上他也没在寝室睡。"

"那你们知道他去哪儿了吗?"欧阳老师的心沉了下去。

"不知道,手机不接,短信没回。"单昀是班长,兼寝室长,昨天看陈子轩没来,就主动联系过了。

"那依你们看,他会去哪儿呢?"

曾泉说:"可能还在家吧。"

"估计又是去网吧了。"单昀对陈子轩没有好印象。而这种推测也是有道理的,陈子轩曾一度迷恋于网吧,还差点把曾泉也拉下水。

"不至于吧,他都改邪归正了。"曾泉说这话,也是为自己辩解,"他的作品在《绘心》上发表了,会不会是去参加什么活动?"

"没听说啊。要照他的德行,有这好事,还能憋在心里,能不到处宣扬?"单昀对他知之甚深。

大家一听,都纷纷点头。以往,陈子轩是最张扬不过的。他偶尔买件名牌衣服,恨不能把商标贴在脑门上。画作一完成,就必然拍照,发微信朋友圈，让大家来点赞膜拜。那次漫画发表，弄得全校皆知，也有赖于他的传播能力。

杨略说："最近陈子轩的确有些不太正常。"

"怎么个不正常？"

杨略还没说呢，单昀和曾泉就絮絮叨叨，说起了陈子轩最近的举动，说他一有空就往外跑，时常去听讲座，听完就兴奋异常，跟打了鸡血似的，口口声声说应试教育不行，读书也没用，把自己说成了渣滓。

"是什么讲座？"

曾泉说："大概是成功人士的讲座，谈创业，谈挣钱。对了，地点就在旁边的理工学院。"

"成功人士？他们都谈什么？"

"陈子轩想拉我们去听，我们一直没空去，所以也不太清楚。听他说，大概就是白手起家，屌丝逆袭什么的。"

"坏了，"欧阳老师脸色一变，"可能是传销。"

"传销？就是骗亲戚，骗朋友的传销？"杨略时常听爸爸说起传销的危害。

"很可能是。我之前听说了，他们借着讲座的名义，在大学生中发展成员，然后四处拉人入伙，一拉二，二拉四。这些人要入伙，都得买公司的产品，而这笔钱就被他的上线层层瓜分了。结果呢，越是等级高的人，收获越大，而底层的为了生存，明知受骗，也必须去骗人入伙。但骗人能有这么容易吗？许多搞传销的都被弄得人见人厌，倾家荡产。"

曾泉这下也领悟了。

"也就是说，他们根本不是卖产品，而是靠拉人来挣钱。"

单昀也提供了一条佐证。

"难怪他前几天偷偷地打电话，我刚好经过，就听了一耳朵。他是打给亲戚的，说是要借钱，参加什么高考辅导班，数目还挺大，有个两三千。我当时还奇怪，整天在学校，哪有时间去辅导班。现在一想，他会不会就是拿这个钱去搞传销？"

欧阳老师越想越不安。

"我们先问问他家人，还有亲戚朋友，看陈子轩在不在。"

欧阳老师打了一圈电话，却都没有。陈子轩的爸爸也着急了，四处去打听，也没人看到陈子轩。只有陈子轩的叔叔说，前几天陈子轩向他借了笔钱，然后就再无音信。陈爸爸着急了，就要赶到学校里来。

一个下午的忙活，欧阳老师获得的信息仅限于此。到了四点钟，他把杨略、单昀、曾泉，还有几个班干部叫到办公室，一脸焦灼地说："估计陈子轩很有可能进了传销的窝子了。一般传销骗人，先通过讲座或个人交流，再把人拉到某个偏僻的地方去，用几天时间进行宣传、教育，俗称洗脑。一般人经过七天时间，肯定对组织服服帖帖了。陈子轩消失了三天，估计还有救。你们赶紧和他联系，说明传销的本质和危害，打电话、发短信，什么微博微信人人网，能用的全用上。我呢，赶紧找保卫处，然后报警去。"

欧阳老师交代完毕，急匆匆走了。杨略三人赶紧掏出手机，给陈子轩打电话、发短信，却都没有回应。

"怎么办？"

杨略说："他不肯接电话，或是不能接电话。我先查了一些资料，写了一篇关于传销真相的文字，通过微信、QQ发了过去。他只要一看到，就全都明白了。"

他们这样做了，可是依然毫无音讯。陈子轩似乎凭空消失了。曾泉说起了传销窝子的种种恐怖传闻，说那里形同监牢，大家精神狂热，互相监控，只要进去，都会着魔，成为奴才，劝都劝不回来。

"陈子轩这么个聪明人，应该不会被骗吧。" 单昀到底还心存侥幸。

"聪明人？搞传销的人都很邪乎，有点像邪教组织，懂心理学，专能忽悠人，据说有不少大学教授都被骗进去了。"

有了曾大嘴，这消息很快都风传全校。大家都在起劲地议论，有些陈子轩的粉丝很是着急,纷纷要求去解救。自然,也有些人在嘲笑:"瞧,六班又出事了,刚出了神经病,又有人卷入传销了。这回可热闹喽!"

这种言论让六班的同学极为愤怒,而且空前地团结了。他们自发地收集信息,联系各地网友,通过各种渠道,把寻人启事散发了出去,但到底收不到一条有用的信息。而警方也一时没有回应。

这样又过了一天,陈子轩深陷贼窝,已经是第五天了。用欧阳老师的话说,这会儿陈子轩的脑子应该被洗得差不多了。大家情绪都低落下去,想到了陈子轩的诙谐,还有他的才情。而其余的种种劣迹,都被大家原谅了。

这件事情闹得沸沸扬扬,杨略也早通过电话,把这事告诉了爸爸。爸爸对传销的内幕是极为了解的。

"这些传销利用了人性的弱点,迎合他们一夜暴富、出人头地的心理,同时通过宣扬一种吃苦耐劳的精神,树立一些成功人士的光辉形象,让人陷入其中难以自拔。陈子轩是想一夜暴富的人吗?"

"他家挺穷啊,不过以前不愿承认,硬是装成了富二代。"

"这说明他内心是自卑的,想要通过取得成就,改变命运。"

"可这不是上进心的表现吗?"

"他太性急了,难免被人利用。"

"爸爸,我有一个疑问,传销公司为什么能蛊惑人心,他们宣扬的成功学,和你所说的励志言论又有什么区别?"

"区别就在于,我懂得什么才是人生真正的成就,而他们只鼓吹有钱就是成就。"

"那你认为,人生真正的成就是什么?"

"我写信告诉你。"

很快,杨略收到了爸爸的来信,所谈的,也正是关于成就与快乐,还有成就的陷阱之类。

第六课 用激情持续获得成就

亲爱的杨略:

今天下了雨,我不外出了,就坐在阳台上看看景,翻翻书。今天拿在手里的是《骆驼祥子》。这书也不知翻过几遍了,但还觉得精彩,有味儿,耐得住咀嚼。你也知道,祥子本是个乡下小伙儿,来城里卖傻力气的,心眼儿实在,身板儿结实,就想要自己买上一辆洋车,让日子一天天殷实起来。有了这个目标,他玩命儿地攒钱,舍不得吃,舍不得穿,生病也舍不得吃药,用了三年光景,终于存下一百块大洋,买下了一辆真正属于他自个儿的洋车。他拿到车时的场景是极为感人的,来看看老舍先生的生花妙笔吧。

祥子的手哆嗦得更厉害了,揣着保单,拉起车,几乎要哭出来。拉到个僻静地方,细细端详自己的车,在漆板上试着照照自己的脸!越看越可爱,就是那不尽合自己的理想的地方也都可以原谅了,因为已经是自己的车了。把车看得似乎暂时可以休息会儿了,他坐上了水簸箕的新脚垫儿上,看着车把上的发亮的黄铜喇叭。他忽然想起来,今年是二十二岁。因为父母死得早,他忘了生日是在哪一天。自从到城里来,他没过一次生日。好吧,今天买上了新车,就算是生日吧,人的也是车的,好记,而且车既是自己的心血,简直没什么不可以把人和车算在一块的地方。

> **知识点链接:**
>
> 《骆驼祥子》:老舍的代表作,主要是以北平一个人力车夫祥子的行踪为线索,以二十年代末期的北京市民生活为背景,以洋车夫祥子的坎坷、悲惨的生活遭遇为主要情节,展现人性的善良与丑恶,社会的黑暗与无望,向人们展示军阀混战、黑暗统治下的北京底层贫苦市民生活于痛苦深渊中的图景。

买车,对于祥子而言,简直是一次新生。那辆新车,明晃晃,新崭崭,就是他取得的成就,是人生的里程碑,也是快乐的源泉。拉上洋车,他的生活就有了奔头,日子就有滋有味的了。看到这里,我们谁能不为祥子高兴,而且感动呢。

其实,我也有过这样的时刻。当初读完大学,在陌生的城市里工作,也没什么背景,什么都得自个儿慢慢争取。看人家有车了,有房了,心里也着急,可每个月工资就那么仨瓜俩枣,应付完吃喝住行,就剩不下什么了。幸好当时还年轻,肯吃苦,又过了些年,存折的钱不少了,就买了小小的一套房子。费心装修了一下,买了些家具,刚搬进去时,心里那个踏实啊,拍拍墙壁,摸摸沙发,和祥子一样,我几乎要哭出来,觉得多年的辛苦有了回报,终于在城里也有个家了。过了两年,手头宽裕,又买了辆车。当时汽车稀少,我开进开出时,脸上颇感荣光。尤其是开回老家,隔壁邻居都围拢来看,我心里是得意的。虽然你会说这是虚荣心作祟,买房买车是活给别人看,其实事情没这么简单。

回想一下,你初中时学习不太用心,做作业拖拖拉拉,总没个爽快的时候,成绩自然一般。但初二的那个暑假,你收到了我的信,忽然换了个人似的,刷刷刷就写完了作业。开学后来到学校,大家都在哀叹作业没写完,你呢,忽然掏出作业本,在大伙儿的面前一晃,亮瞎了他们的眼睛。那时候,你的内心肯定充满了快乐吧。它像是一个里程碑,对过去做了总结,又开启了更好的未来。此后,你越发用心,一点点进步。每一次的进步,就像一个小台阶,让你在成就感中不断进取。尤其是当你和我共同写成一本书,并且大受欢迎以后,你终于摆脱了以往的自我怀疑和自暴自弃,变得目标远大,信心满满,觉得此生必然会有所成就。这让你时刻精神抖擞,热爱生活。

所以,成就也是快乐的源头。

一、只要你愿意，生活随时可以开始

雷石东心里惊慌，拖着伤腿，蹒跚着走到窗边，猛地撞开窗户，勉力爬将出去。可是他住在六楼，而且没有可供攀援之物，若是贸然往下跳，当然必死无疑。他只得用手抠住窗户边框，身子蹲在窗下的一道窗棂上，其宽度仅容一脚。脸庞极力避开腾腾的烟焰，但手指却躲不开，被火烧得嗞嗞作响。火势蔓延，先是烧着了窗帘，然后是他的睡衣，再是胳膊，最后是腿部。全身被火烧得疼痛难忍，然后渐渐失去知觉。他挂在那里，时间一秒一秒过去，心中不住地咒骂酒店，还有迟迟不来的消防队。短短的十几分钟，他似乎已去地狱转了一圈。

终于一个梯子架到他身边，继而一名消防员出现在烟尘之中，将他夹在胳膊下，带到了地面。

"三度烧伤，皮肤烧伤率达45%以上，可能活不过当晚。"医生如此诊断。

但他终于挺过了那个晚上。次日开始动手术，烧伤的皮肤需要更换，但却没有人造皮肤可用，医生只得在他身上"拆东墙补西墙"。连续动了六次手术，一共六十个小时。起初医生还给他注射吗啡，用以麻醉，后来却全然无效了。于是雷石东只得承受着痛入骨髓的剥皮手术。对于他而言，每一秒钟都是煎熬。而时间偏又好像静止了。他在默默忍受。

> **知识点链接：**
>
> 萨默·雷石东：1923年生于美国，犹太人，自幼受母亲严格管教，成绩优异，十七岁时进入哈佛大学，二十岁时被选拔进入美军，从事破译日军电报密码工作。二十四岁获哈佛大学法学博士学位，后从事法律事务。三十一岁时第一次创业，经营"国家娱乐有限公司"，积累五亿美元财富。五十岁时，经历一场火灾，险些丧命。六十三岁时老当益壮，收购维亚康母公司，七十岁时收购派拉蒙电影公司，七十八岁时收购哥伦比亚广播公司，一跃成为全球最大的传媒娱乐公司的CEO。七十八岁时被《福布斯》评为全球第十八位富豪。

不仅忍受痛楚，还有生死未卜的茫然。

他开始回忆起许多往事，借以转换注意力，忘却疼痛，消磨时间。

1923年，雷石东生在美国波士顿，家境清贫，且是犹太移民家庭。父亲白手起家，渐渐衣食无忧。母亲得了空闲，便致力于教育子女，灌输勤劳的重要性，对他要求严格。

他也争气，学业优良，进了波士顿拉丁学校。这是全市最好的公立学校，也聚集了全市最聪明的头脑。学校对学生的要求竟与他母亲不相上下，着力于培养一种赢的激情。学生间彼此竞争，百舸争流，努力争取每一项荣誉。

竞争是残酷的，却也是公平的。在学校里，除了实力，其他一切因素，诸如种族、肤色、家境都无关紧要。雷石东没有因出身而遭受歧视，每天早晨一到学校，便卷入一场浩大的战役，除了学习，他竟没有任何活动。他全部的任务就是获取更多的知识，努力成为一名最优秀的学生。

他依旧记得那天，他忽然身体不适，经诊断是得了猩红热，十分危险，稍不小心便会丧失听力、视力，甚至生命。他住了一个月的医院。躺在病床上，心急如焚，不是畏惧疾病，他还不知道死亡如此接近。他只是担心不能上课，会被其他学生甩在后头。于是书本送到他的面前，依旧夜以继日地苦读。痊愈后立即就是考试。他靠着自学，还是得了两项大奖，现代拉丁文奖和古典拉丁文奖。后来，这两个奖项始终伴随着他，直到他毕业离开。

雷石东很感激这时的生活，他在自传《赢的激情》中这样解释：

在波士顿拉丁学校，我学到的最主要的经验之一，便是生活无比残酷，一个人所面临的压力随时都可能让他崩溃。在这种情况下，人们能信赖的唯有自己。生活应该是一个勇往直前的过程，后退就意味着被淘汰。

雷石东在这里培养了主动进取的精神，并用一生来贯彻。毕业时，他的分数创下该校三百年的最高记录。毕业典礼上，他频频登上领奖台，现代拉丁文奖、古典拉丁文奖、本杰明·富兰克林奖和入哈佛深造的奖学金，还有演讲比赛的第一名。父母在台下笑开了花，多年梦想一朝实现。

这样勤奋的学生，到了哈佛大学不免有些失望。因为这里气氛闲散，师生都从容不迫，其中也不免有自甘堕落者。不再是中学时日夜不息的竞争。

没了争分夺秒的竞争对手，他开始与自己竞争，依旧将所有时间都用在学习上。除了必修课之外，还选修了许多课程，将每天的日程填塞得饱满。

后来他参加了日语班，一年后成为日语高手。这年刚好爆发了珍珠港事件，美国对日宣战，他随日语老师奔赴前线，加入密码破译部门，每日阅读截获的日本情报，数月无功，最后偶尔缴获一册日本密码说明书，经过仔细研读，成功地破译了日本的外交密码，立了奇功一件，两次受到美国军方嘉奖。对于此事，他由衷感叹：

如果当时有一件事对我不是那么清晰的话，现在我也开始想明白了：你所做的每一件事都会对你的一生产生影响。我的家庭极为注重教育，在高中的时候我就非常认真地学习了拉丁语和希腊语，并在大学里刻苦研修了日语，最终多年的努力学习，使我在这一非常重要的历史时刻，为国家做出了自己的贡献。

他从战场归来，在哈佛法学院学习，二十四岁时获法学博士学位，在司法部做了许多年律师。1954年进了父亲的国家娱乐公司，渐渐做到总裁，在美国、英国和拉丁美洲拥有1400个电影院。

1973年，他参加华纳兄弟电影公司一个部门经理的聚会，来到了波士顿，入住科普利大厦。不想却遭到了上文所述的火灾。

煎熬了几个月后，终于到了拆绷带的一天。若是皮肤移植失败，全身将溃烂得像麻风病人。

绷带层层揭开，每揭一层，雷石东都感觉剥下了一层皮。医生仔细看了伤口，时间之久让他感到崩溃。医生终于喜笑颜开了，说道："恭喜。"又添了一句："这真是奇迹，皮肤恢复得很好。"

他慢慢坐起来，似从长达数月的噩梦中醒来，打量了自己的身体，皮肤鲜红薄嫩，丑陋得像初生的鼠仔，一动便如触电般疼痛。但毕竟是鲜活的，是日渐痊愈的皮肤，是失而复得的皮肤。

接下来的日子，他每天锻炼行走，似乎重新开始了一次生命，从皮肤新生，到蹒跚学步，渐渐成长。他相信，激情再次帮助度过艰难的日子。

又过了数月，他终于得以出院。没有人会想到，他最辉煌的事业在此时拉开序幕了。

1986年，雷石东六十三岁，已是全美影院行业领袖，身家达到5亿美元，是可以享受安逸的晚年了。但他却做出一个让世人惊诧的抉择——放弃对国家娱乐公司的日常管理，放弃其他一切工作，把全部精力集中在对维亚康母的收购上。美国媒体不约而同地惊呼："雷石东的火灾后遗症发作了！"

因为对华尔街分析师来说，维亚康母的价值只在于它的硬件——有线电视网、广播台和电视台以及它的节目传输网络。但雷石东凭直觉告诉自己：买下维亚康母，这是一个真正成长型行业。

主意一定，他就开始破釜沉舟。他与投资银行家和法律顾问制定了一个周密的"杠杆收购"方案，除了投入手里的所有股票和现金外，还安排了20多亿美元的债务融资，决定放手一搏。

22.5亿美元！他开始投标，以为这样的价格，维亚康母断不会拒绝，竞争对手也会望而却步。不料一场拉锯战开始了。

22.8亿美元！33亿美元！

抛出这个价格，比预算整整高出6亿美元，而对手居然还在跟进。他震惊了，也犹豫了，在办公室不住地搓着手掌：如果维亚康母董事会执意不接受他的条件怎么办？如果收不回已经投入的资金怎么办？

最重要的是，我还能把价格提高多少？现在的家底都已掏空了。朋友也开始规劝他，不该拿一生去冒险。但雷石东是刚毅的，也深知维亚康姆的价值，就决定孤注一掷："我必须要赢！"

他再次投标：34亿美元！

这是天价了！若是还被跟进，他只有认输。在等待董事会最终决定的时间里，雷石东的眼睛布满血丝，这场角逐耗尽了他的心力。终于，胜利消息传来了。他绷得过紧的神经，一下子松弛下来，整个人都瘫软了。

"我的后背、手掌，全都是汗水。"

他的眼光没错，1987到1993年，维亚康姆的市值增加了近10倍，他本人的身价也在7年中升值到55亿美元。

此后，他收购百视达，兼并派拉蒙影业，每一次都不亚于一场战争。最后，他打造了一个庞大的媒体王国。金融家们无法用常理解释雷石东的几次并购战，只能归结于他是一个"疯子"。他的回答是：

首先，我这个人内心向来有一种自我驱动力。它促使我不断地挑战自我，保持积极取胜、超越别人的激情。当然这并不意味着我是常胜将军，但这起码意味着我总是不断地尝试，不断地努力。第二，我觉得我的心态根本没有老，我非常喜爱我从事的工作。我对生活充满了热爱，充满了激情。我觉得如果永远保持这种激情的话，我就不会变老。

许多人认为，是那场火灾打开了他生命中新的一页，与死亡擦肩而过的遭遇，使他对生活有了新的认识，在体会到生命的可贵之后，以更大的精力投入到生活中去。

但他否认了这种说法，认为他的信念由来已久，从高中、大学、法学院学习，到后来建立媒体王国，他的价值观始终不曾改变，"那就是永远追求赢的激情，这种激情体现了我全部的生命意义。你不一定需要接近死亡，然后才能体会到生的可贵。只要你愿意，生活随时可以开始。"

二、生命需要激情

写完雷石东的故事，我就想到了塞缪尔·厄尔曼的短文《青春》，因为此文铿锵有力，振聋发聩，因此风行于世，激励了无数人。而我每次阅读，也觉血脉偾张，不愿蹉跎岁月，要奋发进取，体现人生价值。

青春不是年华，而是心境；青春不是桃面、丹唇、柔膝，而是深沉的意志、恢宏的想象、炽热的感情；青春是生命的深泉在涌流。青春气贯长虹，勇锐盖过怯弱，进取压倒苟安。如此锐气，二十后生有之，六旬男子则更多见。年岁有加，并非垂老；理想丢弃，方堕暮年。岁月悠悠，衰微只及肌肤；热忱抛却，颓唐心至灵魂。忧烦、惶恐、丧失自信，定使心灵扭曲，意气如灰。

失去进取之心，"锐气便被冰雪覆盖，玩世不恭、自暴自弃油然而生，即便年方二十，实已垂垂老矣"。因为每一天，每一刻，我们的内心都翻涌着无数的念头，滔滔汩汩，永无宁日，用庄子的话说，就是"心驰"。佛家的禅修，就是眼观鼻，鼻观心，专注于一点，比如呼吸，天长日久，就让"心驰"逐渐平息，于是青灯古佛，四大皆空。这自然是极好的，但对付这"心驰"，除了平息，还可疏导。

如果我们心中有大理想，有小目标，就为"心驰"挖了一条河渠，于是激流翻腾，一路奔涌而去。我们的精神资源就被开掘，又能集合沿途的溪流，最终汇聚成大江大河，我们就能做成大事业。

若是没有了进取之心，心里的"心驰"四处奔逸，宛如洪水泛滥，又如杂草丛生，宝贵的精神资源就往往耗费在鸡毛蒜皮之上。

"同桌借我一块橡皮，弄丢了也不赔我，真是的。"

"他们打球，居然不叫我，真是的。"

"我一进教室，他们忽然不笑了，肯定在说我坏话，真是的。"

……

如此纠纠结结，作茧自缚，人就活得越来越琐碎，越来越没有大气象，心里被阴云笼罩，"斯亦不足畏也"。你愿意成为这样的人吗？你愿意和这样的人交往吗？

我心中的好男儿，必然是胸有大志，锐意进取，同时豪侠仗义，不拘小节，率真自然。这样的人，不一定多帅，多有钱，但必然事业有成，看上去风光霁月，磊磊落落，遇事从容不迫，时常爽朗大笑。我们谁不愿与这样的人之结交呢？

略略，你渴望成为这样的人吗？

三、有了热忱，任何人都不可以小觑

为了赢而赢，让雷石东感受到生命的快乐。的确，世间有许多人是这样的。有些富豪积累财富，然后举办惊人的慈善活动，以此反哺社会。比如约翰·洛克菲勒、安德鲁·卡内基、比尔·盖茨、沃伦·巴菲特、邵逸夫等人均是如此，他们的后半生都在忙着把他们前半生赚来的钱捐给科学、医药、文化和教育事业，的确创造了意义，但在前半生，他们是为了赢而赢。他们在成就中品尝到快乐，并焕发了更旺盛的斗志，更澎湃的激情，进而获得了更高的成就。

这是一种良性循环。

因此，要想生命中充满快乐，我们需要获得成就，或者说，成功。正因为如此，塞利格曼在《持续的幸福》中，把成就归入幸福的五大元素之一。他说："追求成就人生的人们，经常会完全投入到他们的学习和工作中，也常如饥似渴地追求快乐，并在胜利时感受到积极情绪，还有可能是为了更大的目标而战。"因为这种追求，所以乔丹不断磨砺自己的篮球技术，终于在球场上腾空飞起，成为最伟大的球员。奥运精神"更高，更快，更远"，不正是人类追求成就的写照吗？

而如何才能成功?

通过人生规划,找到自我天赋,当然是成功的捷径。但是我逐渐发现,人生规划宛如给汽车预设道路,但如果汽车自身没有发动机,则一切外力都是徒劳。

而这样的人,我们看到的还少吗?校园里,有的是不思进取、无所事事、虚掷光阴的年轻人。这样的年轻人,家庭条件越好,越是助长其好逸恶劳的陋习,于国于家于己都是无用的。人生规划对他们而言,也是毫无用处,因为放任自流的日子,是无需规划的。

近年来,常见报刊上称道民国教育的成功。钱伟长、费孝通、启功、杨振宁等等,都是成长于抗战时期,举国放不下一张平静的书桌,但他们何以成长为大师?而我们在和平年代,教育条件日新月异,反倒培养不出那样的人才呢?

究其原因,差别乃是主动、热忱。有了此种精神,差的条件可以克服,好的方法可以培养,经验教训可以总结,若再加上科学的人生规划,假以时日,必能成就一番事业。

否则,一切都是镜花水月、空中楼阁。

热忱是学习的动力。一个学生如果对学习失去了热忱,他不仅不能取得优异的成绩,而且难以完成学业。因为当你觉得学习是为了完成任务,是为家长、老师而学,学习是枯燥乏味的时候,你的中枢神经就不会兴奋、就无法高度集中,你的学习效率就会低下。当你遇到学习的困难时,你容易气馁。反之,你对学习充满热情,你全心身投入到你所学的知识中,不仅钻研它、记忆它、而且热爱它,那么即使遇到一些困难也一定会被你的满腔热情所淹没。热忱是你学习的好伙伴,它仅能让你学得更轻松愉快,而且会大大提高你的学习效率。

"伟大的创造,"博伊尔说,"离开了热忱是无法做出的。这也正是一切伟大事物激励人心之处。离开了热忱,任何人都算不了什么;而有了热忱,任何人都不可以小觑。"

四、警惕成就的陷阱

打住！

我在为成功大唱赞歌，对此，你肯定会心存警惕，对吗？因为成功学大行其道，会让人心失去平衡。陈子轩去过的传销公司，所宣扬的也都是这种精神。

你说的没错，追求成就往往会陷入一个陷阱，那就是盲目攀比，慢慢的，就活在别人的眼光里去了，不知不觉就失去了自己的方向，陷入了对物质的狂热追求之中。

赵昱鲲在《消极时代的积极人生》中，曾有个精巧的比喻，将成就比作脂肪。他说，在远古的时候，脂肪是短缺的，我们不能随便就能捕猎一头野兽。但脂肪所含的热量是食物中最多的。因此进化赋予了我们喜欢吃脂肪的本能。当来之不易的脂肪出现在面前，我们自然应该甩开腮帮子猛吃，才能更好地生存和繁衍。而到了现代，我们随时都可以吃到脂肪，若是不加节制，必然有高血脂、高血压、高血糖的危险。

成就也是一样。广义的"成就"，包括精神的，和物质的。比如特蕾莎修女，一生行善，没什么物质成就，但其人格之高贵，事业之伟大，在我们看来，自然是成就极高。

而狭义的成就，意味着好成绩、好大学、好工作，日后获得高收入、高地位。有钱有势的人生活优越，有更营养的食物，更好的医疗条件，不仅仅自己可以活得更久。况且，现在的美女不都希望嫁给高富帅吗？可见，学业有成，事业发达，家道殷实，实在是我们共同的追求。

乾隆皇帝游江南，登上镇江金山寺，远望长江有点点风帆，就问金山寺长老："江上有多少只船？"长老回答："只有两艘，一艘为名、一艘为利"。正所谓"天下熙熙，皆为利来；天下攘攘，皆为利往"，可见"成就"的诱惑力。

正如脂肪诱人，让人发胖，过度追求成就，也会让人心中惶惶不安。

因为在罗素看来,现在让我们深感焦虑的,"并非下一天没有早餐吃,而是不能耀武扬威盖过邻人"。

还记得你二舅的房子吗?在乡下,建个房子,无疑是件大事。要是建得好,不仅住着舒服,而且脸上有光,甚至光宗耀祖。那年二舅四处打工,有了积蓄,就准备建房。因为隔壁建了四层楼,二舅不愿示弱,东拼西凑,甚至不惜偷工减料,到底也垒了四层。但耗空了积蓄,不仅无力内壁装修,连外墙的粉刷也省了。于是一副空架子闲置了两年,稍有积蓄,将一楼客厅简单装修一下,二楼的卧室只是毛坯房,放了床,摆了桌,也就入住了。至于三楼四楼,一无所用,不过是空荡荡地积累灰尘罢了。

我看了不免叹息:他家只有三口人,儿子以后读大学,就不太会回老家,剩下他们两口子,怎么住得了四层楼。要是理智一些,盖个两层,把另外两层的钱用于装修,再弄点花花草草,不仅实用,而且美观。可惜,二舅却不这样想,因为他要攀比,要面子,却不要里子。

你二舅在乡下,能相比较的,也不过就是村里人,范围还是小的。而我们呢,随着网络的发达,可比较的人实在太多了。就算隔壁邻居里没个高官,但很难说同学中没一个飞黄腾达的;就算亲戚里都是工薪阶层,但朋友圈里,难保没个亿万富翁,更可气的是,他们还很悠闲,老是晒在希腊啊法国啊瑞士旅游的照片,而我们呢,每天只是柴米油盐,一对比,差距实在太大,内心难免失落,于是乎,我们就催促自己,努力,再努力,取得更大的成就。可是渐渐的,我们比较的对象从熟人圈扩展到了整个社会。比如我们曾经出过书,确实相当畅销,但是对比一下作家富豪榜里的那些巨头,咱们的书只是萤火之于皓月,完全不可相提并论。看人家的粉丝团,人家的号召力,我们难免会沮丧不已。唉,那种感觉真是腐蚀心灵啊。

小时候,你奶奶对我很严格,时常拿"别人家的小孩"来教育我。"别人家的小孩"从来不调皮捣蛋,长得好看,又听话,每次都考一百分,回家还帮大人干活……当时我自卑极了，甚至一度认为，你奶奶一点都不爱我，而是爱"别人家的小孩"。这种情结，一直到我考上大学才解开。我忽然发现，"别人家的小孩"并不是一个人，而是一个很大的群体。你奶奶选取了每个人的优点，来和我一个人比，我怎么比得过呢？

这就像你在学校里，同时与最帅的同学比相貌，和年级第一的同学比成绩，和家境最好的同学比出身，从而自愧不如，低估了自己的实际地位。这样的盲目攀比，让人目标迷失，内心凄惶。

但是完全戒除攀比既不可能，也没必要。因为攀比是人性的一部分，在一定意义上也能敦促我们改善生活，积极进取。但我们必须战胜过度的成就欲望，不要让盲目攀比伤害我们的幸福。消极情绪并无助于我们提高，而只会让我们思维迟钝，目光短浅，不利于长期发展。

五、心灵体操：克服过度攀比心理

那如何才能做到这一点呢？

第一，不攀比那些不可改变的事情。比如出身、相貌、家境等等，是你所不能改变的，那就不去攀比，而只能接受。接受自己，是心理健康的第一步。

第二，破除"别人家的小孩"的骗局。他们既然是一群人，博采众长，我们自然无法与之抗衡，但如果分而歼之，则可各个击破。比如我小时候遭遇的那些"别人家的小孩"中，比我好看的，没我听话；比我听话的，没我好看；总帮大人干活的，又没我成绩好。

第三，比你在多大程度上改变了自己。想象一下，你原先成绩不佳，只处于中游，但靠着努力，语文成了全班第一，综合分数也居于前五。你会不会油然而生自豪之情？

其实，你需要关注是那些你能改变的事，那才是你的价值所在。你要去改变的，不是比别人在哪个方面做得更好，而是如何做到自己的最好。正如老子所说:"胜人者有力,自胜者强。"凡是你不能改变的事情,你都不需要负责,也不能作为评判你的依据。你是由你能改变的事情所定义的。

当然,道理是简单的,但要真的做好,或许需要我们长时间的修行。

但我相信你能做到。

另外,如果陈子轩回来,你能把这封信转给他看吗?

祝福你。

深爱你的
倪甫清
3月22日

杨略是在校园里看这封信的。十来丛海棠花正开得明艳,都是粉红色的花瓣,深红色的花萼,远看就如同云霞一般。一阵微风拂过,就窸窸窣窣落一阵花雨。有几片花瓣落在信笺上,在风里微微地抖。杨略细细观赏,花瓣玲珑剔透,真是远胜过一切人造之物。

可惜啊,如此珍品,天地却听任它们无声飘落,清风明月不来拾取,蓝天白云不来拾取,就这么奢侈地铺了一地。

杨略忽然觉得,获得成就自然令人快乐,但活在如此迷人的世界,本身就是赏心乐事。而一个利欲熏心的人,恐怕目光务实锋利,反倒无心欣赏这人间妙景,实在是焚琴煮鹤啊。

回到教室,照例是沙沙地做题声。但有些奇怪的是,大家不时会瞅一眼手机。这原本是禁止的,但由于突发变故,大家都成了信息采集员,所以欧阳老师也默许了。

女生郑乔姿忽然大喊起来:"微博,陈子轩发了条微博。"

所有的手机都亮起来,果然,陈子轩的微博上出现了新内容:"终于迈出了这一步,明天,将是新的一天。我的世界,将由我自己打造!"这话透露的意思,似乎陈子轩已正式加入传销组织。

而杨略发现，微博下方还显示了一行地址，具体到道路，正是陈子轩此刻的位置。他机警地将整个页面截图，保存下来，然后转发给欧阳老师。接下来的事情，就有些符合新闻联播的套路了：

警方获得确切情报，立即派出大量警力，铺开天罗地网，挨家挨户巡查可疑人员，终于在某老乡的指引下，成功捣毁了出租房中的传销团伙，解救出百余名传销人员。

而其中一位，便是我们的陈子轩。

等陈子轩在警局录完口供，送回学校，已是次日下午了。警车呼啸而至，引得众人围观。大家知道从车里下来的正是陈子轩，但却很有些不像了。他一直低着头，头发乱如败棕，身上灰色的夹克衫既皱又脏，像披了一块抹布，鞋子上则满是泥点，甚至还粘着稻草秆子。

他原本应该先回宿舍，打理清楚，再回教室。但他却拎着提包，脸色冷得像一块石头，噔噔噔地上楼，直接冲进了教室，把提包往地上一扔，毒毒的眼光在大家脸上转了一圈，忽然大喊一声："你们满意啦？"

大家都愕然了。原本大家想开一个欢迎会，庆祝陈子轩成功归来。可他，似乎全然不领情啊。几个胆小的女生，已经是一脸惊恐了。

陈子轩眼睛都红了，五官变得扭曲，鼻孔一开一合，像一头发怒的公牛。接着，又一句话如同滚雷一般，从喉咙里一字一字地射出来。

"是谁报的警？"

杨略站起来。"子轩，我们这是在帮你。"

"帮我？你们是害我！"

"你是在搞传销！"

"传销怎么了？那是一个伟大的组织，帮助大家实现梦想！"

"传销就是骗人！"

"骗人？如果骗得你倾家荡产，那是骗人。可如果骗得大家腰包鼓鼓，那还是骗人吗？就算是，也是善意的谎言！"

"子轩，你中毒了。"

"你们才中毒了呢，一个个整天念那些没用的破书。别人笑你们什么？都是书呆子！可就是你们这些书呆子，把我的前途给毁了。"

"是我们救了你！"

"我要你们救吗？你们……"

陈子轩用手指着大家，做出深恶痛绝的表情，然后一跺脚，拎起提包，撞开人群，头也不回地去了。

只有杨略追了出去。而其他同学看陈子轩走了，像林子里老鹰飞走了，鸦雀们本来吓得不敢作声，此刻才忽然喧哗起来。

"他这是神经病了吧！"

"就是，完全被洗脑了。"

"……"

陈子轩像一枚炮弹，并不顾路人的眼光，愣头愣脑的，直向寝室楼冲去，急速地跑上楼梯，打开寝室的门，又把门砰地带上。

"啊呀！"他的身后响起尖锐的叫声。他马上开门，却见杨略捂着膝盖，痛得龇牙咧嘴。原来是被门撞了。

"啊，你没事吧？"陈子轩弯下腰去看杨略的膝盖。他到底是善良的。

"没事没事。"杨略一瘸一拐，走进寝室去。

陈子轩立即扶住杨略，让他在床上坐下了，又替他卷起裤管，果然里面青了一块。

"真是对不起，我给你抹点红花油吧。"

"别管我了，我一个打篮球的，身上时常青一块紫一块，都习惯了。你忙你的吧。"

陈子轩却在他旁边坐下了，一时有些木然。刚才的强悍面完全消失了，换上了一脸的颓唐。

"杨略，你是不是特瞧不起我？"

"你怎么会这么想？"

"唉，我不怪你，反正我现在是烂人一个了。"

陈子轩被遣送回来，在众目睽睽之下失了脸面。为了维护尊严，他就来了这样一出，干脆破罐子破摔，将强悍粗野进行到底。这和"我是流氓我怕谁"的心态是一样的。

"子轩，难道你真的不知道传销是骗人吗？"

"我能不知道吗？到那儿的第一天，我就知道了。"

"那你怎么还加入？"

陈子轩说起了在那里的经历。星期六那天，他被夏大明带到了郊区的一幢民房里，那里楼上楼下，有好几间房，住了几十号人，年纪老的，几乎是他的爷爷辈，年纪轻的，却比他还小。这些人都有些衣冠不整，然而神情都是狂热的，一见他，就都围拢来，端茶倒水，嘘寒问暖，热情得让他有点受宠若惊。

只是，那里的住宿条件之差，让他有点愕然。房间里都是上下铺，只铺了草席，草席下面露出一些稻草，单薄的棉被和墙壁一样，都是油光光的。至于家用电器，只有头顶的日光灯，其余一概皆无。拥有两套大房子的夏大明，居然是从这种地方发迹的？

夏大明看出他的疑虑，马上就说："吃得苦中苦，方为人上人。我们都是吃短暂的苦，享一生的福。兄弟，你看看这儿，没有电脑，没有电视，也就没有任何干扰。在这里，我们一心一意，想的就是事业。"

这样一说，陈子轩有几分相信了。现代化的技术，带来了诸多诱惑，他自己不就曾沉迷于网络游戏吗？据说有些人要想静心读书，要么去深山老林找个寺院，要么干脆去蹲几个月的监狱。再看看眼前这些陋室吧，也算得上红尘中一个好所在啊。

夏大明立即说起了公司的制度，说员工分五等。只要买一件公司的产品，就成为E级会员，若是发展了足够人数，则升为D级推广员。当你所发展的人中，有人升到D，你就升为C级培训员。

"等你升为B级代理员，公司会用五辆奔驰接上你的所有亲友，看你走上舞台中心,发表你的晋升演说。所有人都会把羡慕的目光投向你,对你高声尖叫,像明星一样崇拜。然后,你就可以向一千多人宣告,你从此和贫穷告别了,你们家族的命运因你而改变……到那时,你就快活了,月工资4万,一个月只上一天班,就是到你的团队去发工资。其余时间呢,都可以旅游,而且是免费的,因为各地都有我们的团队。等你升到A级代理商,并积极培养你的团队,使其中有四个人升为A级。恭喜你,你将'出局',给别人留下上升空间。人人都要有钱赚嘛!这时候,你会领到一大笔奖金,至少104万。如果你很能干,发展了三条下线,可以拿到450万。你拿着这么多钱,后半辈子算是有着落了,衣食无忧,自由幸福。想想看,人这辈子,不就图的是荣华富贵吗?对了,你要是还想画画,行,有的是时间,去巴黎,去罗马,哈哈,那种日子,哈哈,真是——"

陈子轩被夏大明所说的光明前途蛊惑了。但他毕竟是个聪明人,也听出了一些蹊跷。

"发展下线,这听起来很像传销……"

"那你说说,传销是什么?"

"……我听说,传销是……是骗朋友,骗亲戚……"

"人和人打交道,肯定是赚人的钱。比如你要买套衣服,旁边有两家店,一家是你姑姑开的,一家是别人开的。你会去哪家?"

"姑姑家。"

"那就好,你买了衣服,会不会觉得,姑姑骗了你一件衣服的钱?"

"不会。"

"我们这个行业,就是大家发财。我们挣的是中间环节的钱。一件产品,从公司出产,到最后的超市,中间要经过很多经销商,个个都要分一杯羹,最后超市的售价就贵了。而我们呢,直接从公司拿货,然后出售。这叫直销,绝对合法。"

陈子轩听完,脑子有点懵,但也被说服了。于是他又想到那个光辉的前途,抛出了最后一个疑问:"在这里,每个人都能成功吗?"

"当然，公司的制度就是人人都成功。兄弟，你想想看，我把你带进来，我要想晋升，就必须拼命把你往上拉。而以后你发展的人想晋升，又得使劲把你往上顶。你的成功永远建立在共同成功的基础上。所以，在公司里，你要想不成功，只能告诉你一个字——难！"

"那从 E 升到 A，然后出局，一般需要几年？"

"一般是四到五年。我们有个老总，他用三年就出局了，现在过着神仙日子啊。"

陈子轩的心热乎乎的。他已看到了这里的人分外热情，的确是互帮互助的氛围。他从来都是孤单的，现在被别人一重视，尤其夏大明这样的成功人士，也把他当兄弟看，这的确令他感动。

"那我要做什么呢？"

"我刚才说了，只要买几套产品，就有资格加入。不过……"夏大明忽然做出为难的样子，"至于我们是否录用你，还得看你的表现。你知道的，我们公司需要有潜力的员工。"

夏大明来了一招以退为进，陈子轩果然有些着急，生怕错过了这个改变命运的良机，所以当即就表了决心。但夏大明却叼了根烟，朝他摇摇手："不急，不急。"

于是，为了让组织录用，陈子轩表现得极好，培训活动积极参加，宿舍卫生积极打扫。一勤快，内心就有充实感。他真觉得，这是一个和谐温暖的大家庭啊。

夏大明不失时机地说："发财靠什么呀？聪明？不对。是人脉。人脉就是钱脉，多个朋友多条路。我们在一起同甘共苦，就比亲人还亲了。兄弟，你表现好，我们老总说了，准备录用你。你准备一笔钱，买几件产品。我们会举办一个活动，欢迎你的加入。"

陈子轩十分激动，交了钱，但产品并未拿到。不过这不要紧，因为公司已录用了他，而且那个欢迎活动真是激动人心，他成为无可争辩的主角。兴奋之余，他发了一条微博。于是，警察来了，于是他被解救了。

在警察局里,他才知道,那个夏大明根本是个穷光蛋,他的车子是借的,房子是别人的,他之所以做出有房有车的假象,只为了让陈子轩上钩,成为他的下线,分他的入伙费……

杨略听完了,不由感慨万千。原来利令智昏是真的。在财富诱惑面前,人的理性却完全被蒙蔽,就算理性清醒,贪婪也会让人忘却道德。人心是何其软弱啊。

他忽然想到了爸爸委托的事,就站起来,从枕头底下抽出爸爸的信。

"这是我爸爸的信,指名要给你看。"

"给我看?"陈子轩有点惊讶,接了过来,就开始一直读下去。读完了,拿着信纸,过了许久,才幽幽地说:"原来我是一直在盲目地攀比。以前是你和比,和陶坷坷比,伪装成富二代。后来想学习了,依然和你比,和单昀比,谁知也比不上。心里就想,不是读书的料,我不如早点去挣钱。以为有了钱,就有了尊严。唉,想挣钱的念头太强烈了,可我高中都没毕业,能挣什么钱呢?于是走捷径,搞传销。其实,仔细想想,我都活在别人的眼光里,没有为自己好好活过一天。"

"子轩,别走了,留下来,咱们一起学。"

"就剩两个月了,我还能考好吗?"

"只要努力,肯定行!"

陈子轩却痛苦地摇摇头。

"杨略,你是可以的,我的底子,唉,我自己知道。"

"子轩……"杨略也不知道说什么好了。

"你先去看书吧,我一个人好好想想。"

杨略也没办法,又安慰了几句,就走出了寝室。初春还有些清冷,他路过几丛海棠树,静静地站了一会儿,花儿开得极明艳,可是天空又阴沉了,四处都升起了雾霾,灰白,迟滞,稍远处,就看不真切了。

第七章

　　首先,读书让我们看清世界。不读书的人,看到的只是虚假的美好世界。读了书后,就认识到黑暗与丑陋。只有读了更多的书,才能看到云际之上,还有希望和光明。一个人生存一世,如果只是懵懵懂懂,从未探索真理,从未领略过真实的美,又有什么意义呢? 其次,读书赋予我们选择的自由。许多人没能读好书,于是去打工谋生,或许收入不错,但他们是为了生计不得不做。我也要求你们读书用功,不是要你跟别人比成就,而是储备力量,以后获得选择的机会、自我实现的机会。

"欧阳老师,有些事情一发生,就再难挽回。我想,我是该离开了。天地很宽广,总有路可走,未必一定要读书。换句话说,对于我而言,读书未必有用。谢谢您多年的教诲,一切都将铭记于心。"

收到了这条短信,欧阳老师匆匆地赶到陈子轩的寝室。陈子轩换了一身整齐的衣服,正在收拾行装,将衣服塞进皮箱里。听到有人进来,就直起身,眼圈是黑的,眼珠子是红的,显然是昨晚难以成眠。

"真的要走?"

陈子轩点点头。

"原因呢?"

"短信里都说清楚了。"

"你说的'事情一发生,就再难挽回',是什么意思呢?哦,你去传销了,同学都知道了,就没面子读下去了,是不是这样?"

陈子轩不置可否,却低下头去,看自己的鞋尖。门口有学生经过,听到里面的响声,都在探头探脑,窃窃私语。

"子轩,来,我们出去聊吧。先把你的行李放下!"

也不等陈子轩同意,欧阳老师就拽着他的手,走了出去。宿舍楼离一个小校门不远,穿过一条香樟树覆顶的小径,就走出了校园。阳光灿烂地照在大地上,四处明晃晃的,让陈子轩的眼睛一时难以适应,一路眯着眼。

他们走进了尼基咖啡馆。楼下一圈是洁白的柜台,透过玻璃,看得见里面摆着的各类点心。旁边是座位,都是三四张半圆靠背的沙发,围着中间一个茶几,颜色清丽明快,或柠檬黄,或杏花红,也有天青色,组成一朵朵雅致的小花。四处回荡着舒心悦耳的音乐,像清泉流淌,像微风过林,让人身心俱宁。

他们坐下了。欧阳老师点了两杯咖啡。咖啡馆里只有他们两个顾客，陈子轩也觉得放松了些。

欧阳老师靠着沙发，摆了极惬意的姿势。

"子轩，如果有同学陷入传销，你会嘲笑他吗？"

"不会。不能落井下石。"

"那你怎么会认为，别人就会瞧不起你？"

陈子轩沉默了，定定地看茶几上大理石的纹路。

"要是不读书了，有什么打算？"

陈子轩长长地吐了口气。想要把脑子里无尽纠结的心事，一股气儿理清楚。

"大概，先找个地方打工吧。然后，还是画画。"

"要画画，需要哪些条件？"

"条件？"陈子轩茫然地看了看欧阳老师，"先活下去吧。最好能进一个动漫公司……"

"你会有这样的机会吗？"

夏大明曾说起他老乡的故事，没读大学，去南方发展，机缘巧合，进了游戏设计公司，后来成了名。夏大明虽说过许多谎话，但陈子轩曾在网上搜索出，这个故事倒是真的。

于是，他就简单地说了这个案例。

"这样的几率大吗？"

"这个行业能出人头地的，本来就很少。以后的事，只能走一步算一步，谁知道呢？"

其实，对于漫画，陈子轩还颇有自信，除了有发表的作品打底，他目前有个新题材，正让他跃跃欲试。他想以自己与储旭亮为主角，画一段清纯而酸楚的故事，展开自由的想象，或许，在故事里会有个完满的结局，聊以慰藉他寂寞的内心。至于生计，他毕竟年轻，会把世事看得容易。养活自己，还不容易吗？他是这样想的。

"你的短信里还提到,读书没什么用,你为什么这么想?"

"现在学的,以后也用不上。比如我要做漫画,学数学做什么呢?另外,读大学又能怎样?找工作那么难。很多当老板的,都只有小学初中学历。我现在想明白了,能力比什么都重要。对于我来说,与其死命读书,不如多花点时间做些有用的。"

说这段话的时候,陈子轩的音量明显高了,直视着欧阳老师,显得底气十足。

一般来说,听学生大谈读书无用,作为老师,难免会心头火起,大声呵斥。但欧阳老师却点着头,一直等陈子轩说完,才插了嘴。

"子轩,你说的有道理,但又不是完全有道理。对于读书无用论,你想听听它的来龙去脉吗?"

陈子轩只是"嗯"了一声。

"中国人原本是最重视文化的。读书人极为威望,可以朝为读书郎,暮登天子堂。不识字的老百姓也崇拜知识,路上看到一张有字的纸,也要捡起来,虔诚地焚烧,以表示尊敬。就算在抗日战争时期,全国放不下一张安静的书桌,但学校里还是不断课,培养出了许多世界级的大师,比如丁肇中、杨振宁。"

这时,侍应生把咖啡端过来。欧阳老师道了声谢,呷了一口。"子轩,你也尝尝,这里的拿铁做得地道!"

陈子轩尝了一口,苦苦的,不由皱了皱眉头。欧阳老师呵呵一笑,继续自己的高谈阔论。

"要说读书无用论,其实源于六十年代,尤其是文革期间,张铁生交了白卷却能上大学,号称'我是中国人,何必学外语,不学ABC,照样干革命',于是学校停课,学生停学,知识分子成了'臭老九',大家以大老粗为时尚。那段历史,真是不堪回首。"

陈子轩听得有点呆住了。

"第二次是改革开放初期,允许一部分人先富起来,于是没多少文化的个体户勤劳致富，而那些教授、医生、公务员领固定工资，于是'造原子弹不如卖茶叶蛋，拿手术刀不如拿剃头刀。'下海一时成了风潮。"

陈子轩点点头，他的几个叔叔姑姑，也是趁着这股东风挣了钱。

"还有第三次读书无用论，主要出现在2003年之后的农村。随着大学扩招，大学生的地位忽然一落千丈。原先是天之骄子，拿着毕业证，即可包分配，从此过上安定体面的生活，现在忽然要放低身价，四处奔走，寻找一份糊口工作，收入低微不说，物价还居高不下，让人一时难以在城里立足，于是内心难免抱怨。有不少农村学生，家境困难，于是砸锅卖铁，四处贷款，毕业时身上有四万欠债，而工资却不过每月两三千，刨去房租、伙食、通讯费，哪有钱去还债呢？一想到家里父母殷切的目光，难免心如刀割。农民们一算账，如果读书致穷，倒不如不上大学，就去城里打工，光靠卖体力，每月收入也不下于大学生。若是脑子活络，倒腾点买卖，过不了几年，车子也有了，老家房子也修起来了，虽说在城里算是边缘人，一回老家，到底也是英英武武算个人物了。"

听到这里，陈子轩的心里有几分快意，似乎自己的选择，已经找到有力的佐证了。他出身农村，家道贫寒，就算读了大学，估计也得落一身债，如果找不到好工作，那的确是太不合算了。

欧阳老师说得激动起来。

"我有个邻居，当年也没读几句书，就做做泥水匠，后来有机遇，做了包工头，于是陡然而富，在城里有几套房产，也开起了宝马，在村镇里颇有人望，居然要参选村干部了。在他眼里，读不读书，显然是无关紧要的。而我呢，当年从农村考进大学，还读到硕士，以前邻居都羡慕。可现在呢，我领几块死工资，连汽车也买不起。当年背了包离开家，现在每次回家，也只是背个包。别人都觉得我没出息。我的感觉倒也罢了，苦就苦了我的父母，当年为我自豪，现在却为我忍受白眼。唉，有时候我自己也很沮丧。"

陈子轩忽然感动起来。在他眼里，欧阳老师英俊潇洒，才华横溢，很得同学喜爱。万没想到，他心里也有这样的苦楚。而陈子轩是最能体会遭人鄙视的滋味，所以欧阳老师说了一番掏心窝子的话，他就更觉亲近了。

"于是读书无用论轰轰烈烈，盛行一时。读书无用论者有三点理由，和你说的基本一样。第一，现在所学的知识以后用不上；第二，低学历者也有高成就；第三，能力比知识更重要。不可否认，这些理由都有道理。但我要问问你，读书的意义到底在哪里？"

"读书的意义？意义？"

陈子轩突然惭愧起来，虽说他读了十多年的书，但一直是按部就班，却从未追问过为什么读书。他想了许久，支支吾吾地说："把书读好，进好大学，找到好工作，挣钱，过舒服日子。大概就是这些吧。"

"这当然是我们都向往的，但读书除了获得名利，还有更大的好处。"

"什么好处呢？"

欧阳老师伸出了一只手掌，五指揸开。而后，他按下了拇指。

"第一，读书让我们看清世界。不读书的人，看到的只是新闻联播告诉我们的美好世界，处处鲜花阳光。读了书以后，就认识到黑暗与丑陋。但许多人因此陷入消沉与厌世。只有读了更多的书，才能看到云际之上，还有希望和光明。一个人生存一世，如果只是懵懵懂懂，从未探索真理，从未领略过真实的美，那只是一具行尸走肉，又有什么意义呢？"

欧阳老师又按下了食指。

"第二，读书赋予我们选择的自由。许多人没能读好书，于是去打工谋生，或许收入不错。但那些工作只是为了生计不得不做。他们成了工作的奴隶，生存的奴隶。我也要求你们读书用功，不是要你跟别人比成就，而是要储备力量，以后获得选择的机会、发挥潜能的机会、自我实现的机会。而在我看来，做自己喜欢的工作，才会有快乐的人生。"

这些道理，是陈子轩闻所未闻的。他的脑子受到了极大的冲击，一时沉默不语，连咖啡都忘了喝。是啊，对于浩大的世界，绵长的历史，他才学了多少？不过是恒河一粒沙，沧海一滴水，却叫嚣着不再读书，还振振有词，真是可怜且可悲啊。

欧阳老师看自己的滔滔大论起了作用，也歇了一会儿，让陈子轩消化掉一些，才继续说：

"子轩，如果你成绩很好，可以考进名校，你还会认为读书没用吗？"

"不会。"这次陈子轩并没有迟疑。

"也就是说，你的读书无用论，到底是真觉得读书没用，还是你觉得读不好书？"

陈子轩一听这话，觉得大为不安。

"老师，我……"

"很多读书无用论者，往往是学习的失败者，遭遇了重大打击，于是沮丧、自卑，努力了又无收获，时间一久，为了内心好过些，就开始自我解释：既然读书无用，那么读不好，也就无所谓了。这种心理就是一种'合理化'，得不到的东西就是不好的，以此来掩盖错误或失败，以保持内心的安宁。"

"您说，我是吃不到葡萄就说葡萄酸？"

"你自己想想，是不是这样？"

陈子轩的脸有些发烫。

"老师，我懂了。可是，我就算现在读书，能考上好大学吗？"

"子轩，道路很长，就算暂时考不进名校，但你只要目标坚定，持之以恒，肯定会比别人走得远。你热爱漫画，而且也有了成绩。那么，如果你继续读书，就算读职业院校，也可以选择动漫、设计等专业，有老师指导，有同学讨论，多好的环境啊。到时候，你练习手绘能力，学习电脑软件绘图，提升你的绘画功底。同时，你再花时间看书，像蔡志忠一样熟悉中国文化，像手冢治虫一样了解世界文明史，有了足够的积累，你才能具备长足的后劲，画出有文化底蕴的画作，并逐渐长成参天大树啊。到了那时候，我就可以和别人吹牛，说我的学生成了国际闻名的漫画家，那多荣耀！"

陈子轩被欧阳老师说得不好意思起来。

"我……我哪有那能耐……"

"别人可以，你为什么不可以？"

陈子轩忽然一笑，身心都放松了。

"欧阳老师，您刚才的表情，特别像搞传销的。"

欧阳老师看他开始开玩笑，恢复了原来的腔调，心里就踏实了：陈子轩又回来了。于是他也幽默起来。

"你说，我要是去搞传销，能不能干到 A 级？"

"肯定能。"

师生二人同时大笑起来。陈子轩觉得，这样一笑，把浑身无形的枷锁都震落了，他一身轻松，几乎要飞起来。阳光透过树荫，透过窗帘，落下许多光斑，闪闪烁烁，照在他的脸上。

在陈子轩找到意义的时候，班里却不平静。当然，其表面还是平静的，就像熔岩表面是一层薄脆的黑壳，下面翻腾着炽热的岩浆，不时冒一个火热的泡儿。

倒计时早已开始，黑板的左上角，由班长单昀每日擦了又写。如今只剩下六十来天了。过去的日子，就被擦成了粉末。大家都觉得，离高考宣判的日子越来越近。是上天堂，还是下地狱？他们不知道，只是一天天地苦熬。测验，讲解，自习，从早到晚，日复一日，一成不变。如果高三是一次万米长跑，此时已跑了八九千米，最初的冲劲早已耗尽，剩余的体力逐渐耗尽，身体变成了机械，抬腿，落下，再抬腿……表情早已麻木，眼睛盯着终点，一步一步向前奔去。渐渐的，大家感觉到倦怠，无聊，忘记了为了什么出发，也不知何时才能到达。

终于，隔壁班也出了事。一位绰号叫咸菜的男生忽然扔下球鞋，抛掉书堆，揣了一万块钱，潇洒地离家出走。家人着急得不行。他直飞武汉，没头苍蝇一样走了几天，又飞到昆明，继而去丽江。

大家内心里都觉艳羡，但又不敢效仿，只是暗暗地想，咸菜会有怎样的未来？

但咸菜很快就回来了，问他为什么，他就说感到更大的无聊。在丽江时，他也翻山越岭，眼前一座座雪山，一条条河流，本是人间佳境，他却无心去看，甚至走着走着，触动心事，沮丧得泪流满面。

"高考，我信了你的邪！"

他抛出了一句新学的武汉话。

大家听了，也都默然，各自都有了共鸣。唉，谁能轻视高考呢？就算暂时逃离，又逃不出它的五指山。毕竟，谁能忽视自己的前程？谁能完全背离社会规定的"正道"？

最后，曾泉做了一个总结："高考虐我千万遍，我待高考如初恋。"那么，该如何度过这最后的六十多天？这是悬在每个人头脑中的大问题。

而就在这个当口，杨略爸爸又写了一封信来。

第七课　追求有意义的人生与学业目标

亲爱的杨略：

见字如面。

我们先来读一封读者来信，或许和你目前的状态非常相近。

杨老师：

您好。

离高考只有两个多月了。三年的长跑临近终点，但我感到疲惫极了。每天坐在教室里，面前是堆积如山的复习资料，不断机械地重复，感觉如此枯燥无味的生活，就像炼狱一样，简直让我难以坚持下去了。

但我深知高考对我一生的重要性，所以坚持是必须的。有时看着黑板上的倒计时，我会想到考场上的失利，还有公布成绩时的失望。如果考不进理想的高校，那么多米诺骨牌哗啦啦一倒，我的一辈子就完了。想到这些，我就身心疲惫。而这反过来又让我学不进去，学不进去就更加着急，形成了严重的恶性循环，让我晚上经常失眠，痛苦极了，甚至有了放弃的念头，就像一些同学那样，高考前基本上不再复习，每天散漫度日。

唉，我该怎样才能在疲惫中坚持呢？

学生 朱晨怡

可见，疲惫、倦怠，是考生中的一种常见现象。种种看似"麻木"的表象，实际上是因高考引发的预期性焦虑的一种另类反应。经过长时间的高强度复习，大家进入了一个心理疲劳期。一方面，是由长时间的重复复习导致的心理厌倦性反应；另一方面，也是过度紧张焦虑的一种表现。这样的复习状态如果不调整，后果是很严重的。

一、意义让我们体会到生命的价值

塞利格曼曾讲过一个蜥蜴的故事。一位教授在实验室中养了一只稀有的亚马逊蜥蜴当宠物。头几个星期，蜥蜴不肯吃东西，不论教授如何费心，给它吃生菜、坚果、肉馅，甚至捕苍蝇、捉昆虫，还把水果打成汁……全都没用，蜥蜴一天天消瘦下去，眼看就要饿死。有一天，教授带了一个火腿三明治做午餐，掰了一块给蜥蜴。一如既往，它没有兴趣。接着，杰恩斯拿起报纸来看，当他看完头版时，把报纸放在火腿三明治上。蜥蜴看到后，立刻在地板上匍匐前进，抓破报纸，抢过三明治，用尖牙扯碎，然后吞下。原来，蜥蜴需要潜行攻击、扯碎食物后才会吃东西。

原来，轻而易举地坐享其成，并不是蜥蜴的本性。它天生就是个猎手，要匍匐，要出击，要撕裂，才能获得愉悦。因为在捕猎中，它感受到生命的意义。

我们也是一样，看好莱坞电影或韩剧，读《盗墓笔记》，刷微信，玩升级类游戏，吃垃圾食品，这些都不需要技能，是唾手可得的愉悦。我们若是深陷其中，久而久之，心灵就会感到无聊、空虚，以至于外国人很诧异：中国人怎么不读书了？据说，中国人年均读书0.7本，与韩国的人均7本，日本的40本，俄罗斯的55本相比，中国人的阅读量少得可怜。

其实，读书，尤其是读经典，是相当费力的。很多大学生告诉我，他甚至读不完一本奥威尔的《动物庄园》，读几页就心思不定，打开手机追美剧去了。读活泼的寓言小说姑且如此，还能指望他去读《国富论》或《浮士德》吗？

但是，我们的天性却是希望得到深层次的愉悦的。当我们读完一本真正的好书，当我们在足球场上学会一记漂亮的远射，当我们与朋友进行了一场充满智慧的交谈，内心会充满力量和满足。因为这一切，都充满着意义。

塞利格曼说："虽然我们天生就会满足自己的本能欲望和需求，获得舒适和放松……但真正的享受，却未必令人愉悦，有时甚至充满紧张和威胁。登山者常面临冻死或坠入山谷的危险，常会精疲力竭，但他们乐在其中。在蔚蓝的海边，躺在棕榈树下喝鸡尾酒当然很好，但这与在冰天雪地的山脊上的狂喜是不能相提并论的。"

而我们通过学习，获得知识的提升、视野的开阔，并攻克一道道难题，这本身就是一件快乐的事情，因为这一切都是有意义的，都预示着我们在未来的发展。

二、你能否看到读书的真正意义

几年前，阿里·克拉姆与埃伦·兰格共同做了一项实验，这次的研究对象是酒店清洁工。他们告诉一半清洁工，通过工作他们每天得到了锻炼，帮助他们燃烧了许多卡路里，清洁工作就像心脏锻炼，等等。而另一组清洁工是控制组，没有得到这样的好消息。

几个星期后，他们发现，那些认为工作是锻炼的清洁工，实际体重下降了，不仅如此，他们的胆固醇含量也降低了。与控制组相比，他们并没有做更多的工作，也没有做更多的锻炼。唯一不同的是，他们的大脑对待工作的看法。这一观点非常重要，值得再重复一次：与行动本身相比，我们对日常行为的心理定势更能决定我们的现实。

因为大脑会按照我们对将要发生之事的预期来运转，心理学家称之为"期望理论"。神经学家马塞尔·金思博兰尼博士解释说，我们的期望能创造出一种大脑模式，就如同真实世界创造的大脑模式一样真实。换句话说，对一件事情的期望激发了同一复杂的神经元，就好像这件事情真实发生了一样，并在神经机制中引发了一系列事件，产生了许多躯体的后果。在工作中，这意味着信念能切实改变我们努力和工作的具体结果。

所以，你对学习的看法，决定了你是否能学好。也就是说，你越认为学习单调乏味，学习就越发乏味透顶。而如果你看到了学习的意义，那么你可以焕发出强大的力量，足以战胜厌倦。

耶鲁心理学家艾美·瑞斯尼斯基经过多年研究发现，员工有三种工作取向或看待工作的心态：把工作看做工作、职业和事业。第一种人认为工作是例行公事，他们工作是因为迫不得已。把工作当成职业者，他们工作不仅出于必需，而且为了进步和成功，他们很投入，并想把工作做好。最后，把工作视为事业者，认为工作本身就是目的本身，他们的工作实现了个人抱负，他们感到工作可以产生更大的幸福，更好地发挥他们的个人优势，并给予他们意义和目的。

这又是如何发挥作用的呢？如果你无法为日常工作带来实际的改变，问问自己所做的工作中存在哪些潜在的意义和乐趣。想想一个小学有两个看门人。一个人只注意看他每天晚上必须清理脏乱的环境，而另一个相信他正为学生提供一个更清洁、健康的环境。他们每天做着相同的工作，但不同的心态决定了他们的工作满意度、成就感，以及最终的工作表现。

那么，对于你而言，学习的意义到底何在？

是改变个人命运？

是走进更大的世界，追逐自己的力量？

是光宗耀祖，让家人扬眉？

或者，还可以更高，更远。因为意义，往往是要与他人，与社会，甚至与世界前途有关。当我们越是离开小我，就越能获得幸福，就像接下来要出场的人物一样。

哈佛校园充斥着各种怪人，基辛格也算其中一个。他在生活上毫不讲究，一套衣服长年累月地穿，像个古板的苦行僧，也不在意别人眼光。孔子曾说："士志于道，而耻恶衣恶食者，未足与议也。"基辛格该是能得孔老夫子赏识的。

基辛格穿得破旧，的确是没时间打理。

基辛格生于德国，因是犹太人，所以十五岁时逃到美国，有些水土不服，幸亏成绩不错，大学时又参了军，退伍

> 知识点链接：
>
> 基辛格：生于1923年，当代美国著名外交家、国际问题专家，美籍犹太人，二战时曾应征入伍，后毕业于哈佛大学，获博士学位，留校任教，后从政，任尼克松政府国务卿，因终止越南战争，于1973年获诺贝尔和平奖。

后进了哈佛大学，当时已是二十四岁。青春已逝，年华可贵，再加上他是犹太移民子弟，要想有所成就，没有捷径，只能靠个人奋斗。

他深深懂得学习的意义之一，就是改变命运。

他兢兢业业，远离尘嚣，玩命苦读。他博览群书，虽然读的是数学专业，却对哲学、逻辑学、历史更有兴趣。他研究罗马人的历史，钻研哲学家苦涩的名著，黑格尔、康德、马克思、斯宾诺莎，无所不涉。时常是书桌旁一坐就是一天，直至深夜两三点。

渐渐的，他发现学习的意义不仅为己，还能影响世界。

当时，校园生活安谧如小溪流淌，但外面的世界，虽然是"二战"初定，却依旧翻涌着惊涛骇浪。国内，捕猎共产党员的麦卡锡主义统治全国。国外，苏联和东欧社会主义国家日益壮大，整个西欧惶惶不安，胡志明正在越南的丛林里进行抗法战争，毛泽东在北京的天安门广场上升起了红旗。哪怕随便扫一眼，也会发现世界变动不断，革命连连。

在许多哈佛学子看来，这些似乎都是远方的事情。但基辛格却不这样想。在他眼里，每一次大变动，不管发生在多么遥远的地方，都是对他个人的一种威胁，因之深感焦虑，并且苦苦思索。他开始思考世界的前途，并经常说："强权才是历史的基本力量。别总把强权看作洪水猛兽，强权就像刀剑，本无所谓好坏，关键在于使用刀剑的人。纵然历史上充满了滥用强权、肆虐行暴的例子，但强权也可以用来防止灾难。"

他的结论是，外交政策的目的，在于建立一种和平结构，其战略是巧妙利用争斗双方之间的均势，其手段是谈判与战争威胁结合。这就是后来闻名世界的"均势理论"。

哈佛毕业之后，他纵横天下，调停美越战争，冰释中美关系，缓和核战危机，建功赫赫，名满天下。20世纪前五十年爆发了两次惨绝人寰的世界大战，而后五十年基本上没有类似的战争，与基辛格等人的努力分不开。1973年，他众望所归，荣膺"诺贝尔和平奖"。这正是对他的最好肯定。

或许他在哈佛时，也曾感到孤单、枯燥、沮丧，但是深沉的快乐，肯定始终伴随着他。

三、再伟大的事业也有无聊的部分

好吧，还有个问题。就是你觉得高三重复的学习，让你深感枯燥。我也的确对此颇有微词，可是，这是你目前难以改变的现实。而且，枯燥、无聊，本来就是生活的一部分。你不可能指望人生的每一刻都是好莱坞大片，精彩不断，高潮迭起。况且，就算是好莱坞大片如《霍比特人》，也需要有平静的铺垫、背景的交代，而不可能从头到尾都是令人血脉偾张的看点。

许多学生认为，只要熬过高考，一切就好了，生活就激越活泼且五彩缤纷了。其实，要想在大学里脱颖而出，在工作中有突出表现，我们必须要耐得住寂寞和厌倦的时刻。

为此，我们要再请进来一位人物，让他现身说法。

1974年10月26日。加利福尼亚大学旧金山校区。毕晓普-瓦默斯实验室。

白天校园虽是喧闹，此刻天色已晚，且是清凉的深秋，四周分外安宁。实验室的灯光透过窗户，照见一地黄叶。清风过处，细细的有些声响。因是周六，迈克尔·毕晓普教授已回家去了，只留一名学生值班。毕晓普临走前有交代："这几天多留心，我想结果快出来了。"

学生答应着，心里却有些不以为然。四年来，这句话教授已说了无数遍了，似乎一直没应验。等到人去楼空，他独自守着仪器，颇感无聊。先前还看些材料，等夜色渐深，就有些昏昏欲睡。偏又有些冷，他裹了衣服，蜷缩在圈椅里。

忽然，唧唧的响声穿空而来，钻进他的耳朵里。一个激灵他一跃而起。四处探寻，声响源于辐射探测器，绿灯不住闪烁。教授可能说对了，结果已经出现。他高兴得要跳起来，倦意一扫而空，却又颤抖着手，全神贯注地记录各类数据，眼神越来越亮。

实验室追踪了四年的基因，今天终于显形了。

他意识到，这是无比神奇的一刻，自此，科学又前进了一步，而自己曾在其中效力，并且机缘凑巧，成了第一个见证人。这种喜悦与自豪，又有几人能享受呢？

拨通了导师的电话，随着铃声响起，他抑制住汹涌的快意，等电话接通，他已能用平静的声音说话了。

"教授，我想事情成了。"

"太棒了！"毕晓普也雀跃了，"我马上回实验室。"

在去实验室的路上，毕晓普开着车，先是兴奋，将车开得飞快，又将车窗打开，凉风扑面而来，格外雄劲。他却又禁不住要落泪：在实验室里下了四年功夫，才终于找到了这个小坏蛋。

他所谓的"小坏蛋"，就是令人闻风丧胆的癌基因，江湖人称 SRC，读作"杀客"。将它找出来，岂不是大功一件？

在此之前，科学家已经知道，癌细胞的产生，源于 DNA 中基因的变异。但科学家们集体郁闷了，人体 DNA 中有三万多个基因，若是一一检阅，看

知识点链接：

迈克尔·毕晓普：1936年生于美国宾夕法尼亚州一个小镇，先后毕业于葛底斯堡学院和哈佛医学院，后任教于加利福尼亚大学旧金山分校。1974年发现正常的基因在一定条件下能发生癌变，1989年因此发现与哈罗德·瓦默斯分享诺贝尔生理学或医学奖。此人除医学外，还博览文学，尤好诗歌，常在行文中跳出几行名句，分外精美别致，在科学界十分罕见。近年来常为科研事业到政界奔走呼吁，居功至伟。

谁与致癌有关，那就宛如大海捞针，花个几十年，估计也完不成。

毕晓普与哈罗德·瓦默斯合作，着手用分子探测，在一大堆鸡的DNA中探寻是否存在"杀客"。不料，这一做，就是四年时光，上万次枯燥的重复重复再重复。

今夜，事情终于成了。毕晓普在回忆录里，回顾了这一成功的时刻："当我第一次看到一部大学教科书中叙述了我们的发现时，我职业生涯中的一大满足感涌上我的心头。'哈罗德和我已经尽了这一责任。"

平淡的语气中，让我们看到了价值实现时的快乐。

毕晓普着手将实验结果形成论文，1975年发表，在科学界争相传阅，马上被编进教科书。此后数十年，他的功绩展露无疑，被誉为癌症研究史上的里程碑，并获得了1989年的诺贝尔生理学或医学奖。

英国数学家G·哈迪说过："一个人，尤其是一个年轻人，首要责任是要有抱负，而最高尚的抱负，就是给后世留下一点有永久价值的东西。"

那么，亲爱的杨略，你希望给后世留下什么有价值的东西呢？我们都知道，伟大如抗癌事业，当中都充满了无聊的时刻，我们又为什么要抱怨学习中枯燥的成分呢？

四、心灵体操：挖掘学习中的意义

我是做企业咨询工作的。当我在为公司员工进行培训时，常常鼓励他们重新做一个"工作描述"，我让他们思考一下，如何用一种能吸引他们申请这份工作的方式，重新描述同样的工作。这样做不是为了自欺欺人，而是要突出可以从工作中获得的意义。然后我要求他们思考生活中的个人目标。他们现在的工作任务如何能与这一更大的目标联系起来？研究人员发现，当我们把工作与个人目标和价值联系起来时，即使最微不足道的工作也可以具有更大的意义。我们越是把自己的日常工作与个人愿景联系起来，就越有可能把工作看成是一种事业。

比如在一家保险公司，员工原本素质良莠不齐，有本科生，也有中学辍学的，他们对保险业了解不多，走到讲台上来，都只笑称这是个饭碗。

但一位女孩的发言，却让大家震惊了。

前辈们用了二十多年让中国20%以上的家庭拥有了保障。虽然有些家庭被某些不专业的业务员骚扰过，欺骗过，但不可否认，绝大多数的寿险从业者都是在凭良心做的。我们这一代接过他们手里的接力棒，继续守护这些家庭的幸福，并将保险的保护伞送到更多的家庭中。我相信有一天，我们的投保率会像台湾一样有200%，会像日本一样有600%。这个时间很漫长，但也有可能很快，因为观念的转变有时就一瞬间。

保险业，是让每个人拥有完整的保障，生活在安全之中，免受各种风险来临时的财务打击。也许我们个人的力量微不足道，但只要我们更努力，世界将更为美好。

她不仅把工作上升到事业，而且提高到对全人类都有益的伟业。的确，如果我们拥有保险，厄运降临时，可以免受损失，也活得更踏实，更有尊严。这位女孩意识到了这一点，当她去与客户沟通，将不再是从客户兜里掏钱，而是要送给他一把保护伞。这种心态，无论对于事业，还是对于心灵健康，都是无比重要的。

所以，请你也尝试一下这个练习，水平摊开一张纸，在左边写下一项你必须完成，但又枯燥无聊的任务或者科目，然后问自己：这项任务的目的是什么？它要达到什么结果？画一个箭头指向右边，把这个答案写下来。如果你写下来的看起来仍然不重要，那么问你自己：

这一结果将会导致什么？再画一个箭头把这一点写下来。直到你得到一个对你有意义的结果为止。通过这种方法，你就能将你所做的每一件小事与更宏大的图景联系起来，与使你充满动力和活力的目标联系起来。

当你了解了学习的意义，就会怀揣着种虔诚而真挚的心灵，平静，执著，完成更多的学习任务。

希望你能用意义对抗无聊，就像在尘土上看到圣洁的天光。

祝福你。

深爱你的
倪甫清
4月1日

杨略开始做心灵体操。他的数学不好，也觉得它很枯燥，很无聊。那么，数学的意义又在哪里？他拿出纸笔，渐渐地，就画出了一份图表：

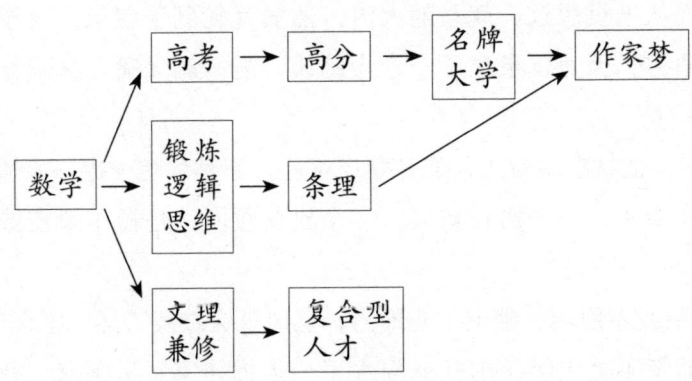

虽然他并没有觉得数学从此变得容易，但至少，数学对于他而言也是意义重大。表格中，锻炼逻辑思维或许是真的，可正如韩寒所言，要练逻辑思维，与其学数学，还不如看几本推理小说，所以并不能非常激励他。倒是得高分，利于考上名牌大学，才是实实在在的。正如把木板架在溪涧上，走过去后，木板便已无用，但这并不表明木板是无价值的。

欧阳老师给陈子轩做好了思想工作,心里有几分得意,又想到班里其他人,也需要找到学习的意义,就专门开了个班会,其主题就是"你为什么高考?"

"每个人都要到讲台上来,一人两分钟,说说自己为什么要高考。"

大家已经很不习惯在大庭广众之下表决心了,于是面面相觑,都不愿发言。欧阳老师也知道大家的心思,就说:"那请班长带头,然后按座位,一个个上来。"

单昀是个中规中矩的人,他的发言也是如此。

"高考只是人生的一个关口,我就想考个好大学,为以后的发展打好基础。虽然我还不知道以后做什么,但走好每一步,才是最重要的。"

其余同学也纷纷上台,有的说为父母争气,有的说为理想奋斗,也有的说从来没想过,就是随大流。然后就轮到了曾泉。对于他,大家都很期待。因为曾泉生了一个大脑袋,配一副大嘴,从来都是语不惊人死不休。

果然,他站在讲台上,先是嬉皮笑脸,忽然脸色一凝,表情刚毅,双手攥成拳头,一个横在胸口,一个放在腰间,是杨子荣在威虎山上的做派。

"如果我不用功,整天吊儿郎当,班风就会被我带坏。学风一带坏,大家全都考不上大学,国家就损失了一大批作家、漫画家、教育家、社会学家,于是大家只能继续看好莱坞的电影、韩国的电视剧、日本的漫画,小孩子就只能接受美日韩的腐化,长大以后就不再爱国,崇洋媚外,热衷移民,国力就变得空虚,日本就会乘虚而入,发动侵华战争,我们国家就要灭亡。为了不让这种惨事发生,所以我要努力学习,天天向上,为中华崛起而读书。"

他忽然一侧身，右腿往边上一跨，右拳猛地上举，高过头顶，是钢铁战士的风范，逗得大家笑得直不起腰来，连欧阳老师也笑喷了。

"下一位，下一位，节约时间。"

杨略是曾泉的同桌，也被轮到了。自从看了爸爸的信，他对这个话题又多了几分认识。

"我们都知道，经过十年文革，人伦丧尽，道德颠覆，导致现在社会上邪气横行，当街行凶者有之，贪污腐败者有之，素质低下，价值混乱，被世人所不齿。但抱怨是没有用的，因为十年树木，百年树人，要想让中国人变得高贵、优雅，被世人所尊重，必须从我们这代人做起，用百年时间，逐渐改变国民性。我们是文科生，我们通过高考，进入各大院校，毕业之后，将散布于文化界、新闻界、商界，甚至政界，我们将承担振兴文化，教化人心的责任。或许我们有生之年，也看不到中国文化领先于世界，但我们的后代，将记住我们的功业。"

他的宏论，自然赢得了不少掌声。许多同学还不住啧啧称赞："到底是作家，说起话来就是有深度和力度。"

同学一个个发言，渐渐轮到了陈子轩。他重新进入了学习状态，因为压力减少，目标明确，因此学习状态不错，此时他有些腼腆地说："我没有杨略这么伟大的抱负。我读书，就是为了获得自由，选择人生的自由，选择生活的自由！"说完，还感激地看了欧阳老师一眼。他所说，全从欧阳老师那里舶来的，在脑子里转了好几天，就变成了心里话。

葛怡的发言也很简洁。她亭亭玉立地站着，藏青色的衬衣，下面是黑色的牛仔裤，色泽是凝重的，白净秀丽的脸庞上，表情也是冷漠的。

"以前我读书，一半是自己喜欢，一半是父母期待。但以后，我将为自己读书，高考对于我而言，将是人生的分水岭。越过它，我将开始自己的人生，告别所有的过去。"

说这话时,她的目光越过所有人,飘向教室的后方,不欢喜,也不忧愁,甚至也不激动。

杨略深情地注视着她,赞同她为自己读书的说法,但又觉得她话里有话。什么叫"开始自己的人生",什么叫"告别所有的过去"?他,杨略,是不是也属于她要告别的过去?

刚发完言时,他还极为振奋,此刻又感到锥心的疼痛了。

第八章

我们从小所受的教育，就是考高分、争第一，而至于人际关系，如何与人相处，向来是比较轻视的，直到年纪渐长，才发现，人际关系的作用，远远超过了成绩。现在我经常说，年轻人初涉人世，往往觉得房子车子票子是幸福的保证，这或许也对，可是我买房买车时，只快活了几日，因为永远有更好的房子、更好的车子在吸引着我们，让内心难以安顿。唯有事业、亲情与友情，才会带给我们长久的快慰。

这个晚自修，欧阳老师一踏进教室，就觉得气氛有些不同，大家没有埋头做题，而是笑嘻嘻地看着他。正觉得惊异，灯忽然灭了，教室后面随即有了亮光。欧阳老师看过去，发现是一个大蛋糕，上面点着几支蜡烛，映亮了几个人，是单昀、郑乔姿和曾泉。他们捧着蛋糕，缓缓朝讲台走来。同学们伴着他们的脚步，开始轻轻地唱起了生日歌。

"谢谢，谢谢同学们。"

欧阳老师又惊又喜，说话都有些结巴了。这时，门外又走进一人，烛光之中，映出一人，白裙飘然，长发披肩，面容娇丽，正是他的女友斯雯璇。

"子方。"

"雯璇，你怎么也来了？"

"是你的学生通知我的，要给你一个惊喜啊。"

同学们早就露出狡黠的微笑。

"老师，快许愿吧。"

欧阳老师默默地说了几句，然后吹熄了蜡烛。教室的灯重新点亮，大家都分到了蛋糕，其乐融融。

郑乔姿忽然说："欧阳老师，能不能和我们说说你和师母的故事呢？"

曾泉也附和说："就是啊，老师，你和我们讲讲，也让我们长点本事，也追这么个大美女。"

"老师，讲吧——"

全班同学都在喊，亮晶晶的眼睛盯着这一对璧人。欧阳老师推脱不掉，加上心里又是感动，又是喜悦，就说："那就说一说吧。我们都是衢州人，是高中时的同学……"

一语未落，"高中？噢噢——"同学们都起哄了。

欧阳老师觉得这个话题有些敏感了，不由自主地退缩了。

"我，我还是不说了吧，要不然，我这个班主任，可就变成教唆犯，鼓励你们早恋了。算了，算了。"

曾泉开始起哄，咧着大嘴，大声地喊："什么早恋啊，这叫青春期爱情。哪个少女不怀春，哪个少年不钟情。对不对啊，同学们？"

"对——"

"欧阳老师，继续啊！"

其实同学们早已不把早恋当回事。这年头，高中生男女孩在一起，已经是太正常不过了，所以并不害羞，只想听欧阳老师的爱情故事。

欧阳老师又被推到浪尖，只得继续说："我们彼此有好感，然后就在一起，一直到现在。没了。"

同学们自然不满了。

"太没劲了。要听细节，细节。"

"同学们，"陶坷坷也来了劲，站起身来，拍着桌子，出了个主意，"同学们，我们让师母来讲，好不好？"

"好！"

在陶坷坷与郑乔姿等人的带领下，大家整齐地拍手，整齐地喊。

"师母讲！师母讲！"

欧阳老师的女友是个公司白领，很少与学生打交道，今天看学生如此热情，心里也着实觉得可爱，稍微推脱了一阵，也就开始讲述了。

"高三下学期，也就在四月份，有一次我回到教室，打开课桌抽屉，里面有一封信。信里写着对我有好感什么的，里面还有一首诗。我觉得文笔真好，字也写得好看。你们欧阳老师当时挺有名，能写文章，也能唱歌，我也认识他——"

"噢——一见钟情！"

"郎才女貌啊！"

"你们当时就在一起了？"

欧阳老师的女友优雅地摇摇头，嘴角带着甜蜜的笑意，沉浸在往事的追忆中。

"其实也没这么简单。我那时候读书很认真，觉得这事有点突然，容易影响学习，就写信给他，希望他好好读书，感情的事以后再说。"

"然后呢？"

"然后就高考了，我考得挺好，填报了复旦大学，可是你们欧阳老师考试失常了，读了杭师大。"

同学们都用怪异的眼光看欧阳老师，觉得这样一个才子，居然被媳妇压了一头。

"然后呢？"郑乔姿急切地想知道下文。

"我觉得他没考好，都是因为我，心里很歉疚，就发短信安慰他，有时也和他出去聊聊天。等到读了大学，我们一个在上海，一个在杭州，不能每天在一起，就经常写信，打电话，感情越来越好。四年下来，我们的信都堆了厚厚一摞，成了一笔珍贵的财富。大四的时候，你们的欧阳老师用了功，考上了复旦大学的研究生。我毕业了，也就留在上海。就这样，我们通过努力，终于在一起了。再后来，欧阳老师毕业了，一定要来你们学校，我也跟过来了。"

曾泉插了一句："这就是嫁鸡随鸡，嫁狗随狗吗？"

郑乔姿打了他一下："你才鸡狗呢。"

陶坷坷却喊道："欧阳老师，你还记得第一封情书里的诗是怎么写的吗？念给我们听听。"

女友也瞧着欧阳老师，像是要考验他了。欧阳老师自然不敢懈怠，就清了清嗓子，念了起来。每一个字都饱含深情，让声音变得很温柔，很温柔，像是一股和煦的东风，轻轻地拂过每个人的耳廓。

你来自何方？我清婉如水的姑娘。

你可是来自南方温煦的海洋，不然

你的美目中怎么会有蔚蓝的空旷？
告诉我那里的阳光，那里的波浪，
那里的温煦怎样潜入你的心房。

你来自何方？我素馨甜润的姑娘。
你可是来自夏夜梦着的荷塘，不然，
你的秀发怎么会散发着藕花的幽香。
告诉我那里的月色，那里的绿杨，
那里的温馨怎样甜润着你的惆怅。

但总有一缕霁光在我心头闪烁，
你应来自众美之神居住的天堂。
为了拯救世间一切忧伤的灵魂，
你翩翩，翩翩地振动轻盈的翅膀。

大家都陶醉在空灵的诗句里，沉醉在迷人的爱情故事里，心里都泛起极清纯、极甜美的涟漪，层层扩开去，眼眶就有些发热。等欧阳老师念完了，教室里响起了经久不息的掌声。而他的女友也眼含泪水。

陶坷坷忽然大喊："欧阳老师，求婚吧。择日不如撞日！"

欧阳老师和她的女友都愣了，一时不知所措。同学们也愣了，但随即就高呼："求婚，求婚！"

欧阳老师静静地看着他女友，忽然单膝跪地，握住女友的手，轻轻地说："雯璇，我们在一起八年了，谢谢你陪我度过最艰难也最美好的时光。尽管现在我没有钻戒，房子车子也还没有，但我会一直爱你，给你创造幸福美好的一辈子。你愿意吗？"

"嫁给他！嫁给他！"

"在一起！在一起！"

女友都泣不成声了，嘴唇颤抖地说："嗯，我……我愿意。"

他们紧紧地拥抱在一起。所有的学生都站起来，微笑的，含泪的，微笑又含泪的，都在起劲地鼓掌。

杨略心里想，有了真感情，就算分隔两地，却完全不会有丝毫影响，而只会让他们更为珍惜。想到这里，他不由得去看葛怡，发现她眼中噙着泪水，竟听得痴了。

他拿出手机，给葛怡发了一条信息。

"为什么我们不能像欧阳老师他们一样呢？"

葛怡看完手机，抱在胸口，头垂下去，垂到了桌子上，肩膀在一抖一抖，竟然哭泣了，像一枚风中的树叶。杨略不由心疼起来，但又不知怎么安慰。

欧阳老师和女友走了，晚自修照例继续。好不容易等到放学，杨略跟在葛怡后面，走到一个僻静处，加快了步伐，赶上葛怡，在她耳边轻轻地说："葛怡，我们可以聊聊吗？"

葛怡早就发觉杨略尾随在后，所以也只是一个人在走。于是他们一同来到了校园中的小树林。洁净的月光照亮了小径和石椅，虫子在草间轻轻鸣叫，空气中有股春日独有的花草味儿。

杨略迟疑了多时，终于鼓足了勇气。

"葛怡，我们为什么不能在一起？"

葛怡默默地走路，眼睛看着地面，许久，才轻轻地说："我没有信心。"

"对什么没信心？对我？"

葛怡沉默了一会儿，将双手护在胸口，似乎有些发冷，声音也低微下去。

"是对感情……对感情本身没信心。"

"我们都快六年了，六年……难道还值得怀疑吗？"

葛怡仰头去看那一轮明月，幽幽地叹了口气。

"时间又能说明什么呢？月亮圆了，就会缺……唉，他们都二十年了，还不照样……"

"他们是谁？"

"是……我爸妈……"

"他们怎么了？吵架了？"

"吵架？"葛怡摇了摇头，"吵架对于他们来说是家常便饭，说明彼此还在乎……现在……唉——"

"现在怎么了？"

葛怡又安静了一会儿，像是要汇聚极大的能量，才能把接下来的话说完。

"寒假的一天，我和郑乔姿去逛商场，本来挺开心的。乔姿去洗手间，我坐在肯德基，隔着玻璃，无聊地闲看，忽然看见我爸……和一个女人走过来。我吓了一跳，赶紧躲起来，等他们走过了，才抬起头继续看。我明明看到，他们的手牵在一起，我爸还笑得那么开心。顿时，我觉得天都塌了。在我家里，我妈一直很强势，总是觉得我爸无能。我一直同情我爸，他对我也好，很温柔，我觉得他是世上最好的爸爸。谁能想到，他也会有外遇……"

"那你妈妈知道吗！"

"我还没有告诉她，怕她受不了。我现在就觉得，什么感情，其实都是靠不住的。想当年，我爸妈的感情也轰轰烈烈，虽然我外公竭力反对，不让我妈嫁给一个穷小子，但他们还是坚持在一起了，十足是孔雀女和凤凰男的浪漫故事。可就算是这样的感情，毕竟还是输给了时间啊。"

杨略听到这里，心里完全明白了。这段时间葛怡的抑郁、冷漠，与他的疏远，原来都源于这件事。

"然后你就觉得，我们也会重蹈覆辙？"

"嗯，"葛怡点了点头，却不敢看杨略，"我就在想，要是一段最美好的感情，最后免不了悲剧收场，倒还不如不要开始，就让最初的美好一直在记忆里美好下去，像一帧最美年华时的照片，像一朵刚刚盛开的海棠花。"

葛怡沉入优美而凄凉的想象中去了。杨略往前跨了一步，再一转身，挡在葛怡的面前，双手抓住了她的双肩。

"你这样对我公平吗？你怎么不问问我的想法？"

"嗯？"葛怡有些惊惶了。

"对这段感情，我就没有发言权吗？"

"这……"

"六年的感情，你说断就断，你想过我的感受吗？"

"我想过的，这也是为你好？"

"为我好？"杨略感觉泪花已经模糊了双眼，"我这段时间食不甘味，百无聊赖，就是你给我的好处吗？"

"我，"葛怡有些仓皇无措了，"长痛……不如短痛。"

"难道所有的情侣，最后都不能白头吗？"

葛怡想了一会儿，又慢慢地摇了摇头。

"你看欧阳老师他们，虽然四年大学都没在一起，不也照样维持着感情吗？为什么你对我就没有信心？"

"我……"

"难道你爸妈的感情出现问题，就意味着所有的感情都不可靠。你不觉得，这是以偏概全，自寻烦恼吗？"

"我不知道……"

"退一万步说，感情就算以后会出问题，那也不意味着我们不能开始。就比如说，我们以后都会死，但你能因此而轻生吗？"

葛怡依然是摇摇头。

杨略说："我是这样想的，正因为生命有限，所以我们更要好好活，珍惜每一天。正因为感情容易出问题，才应该珍惜当下，好好爱，用力爱。

而且，如果每一天都相爱，一天又一天，连起来就是一辈子。"

葛怡的眼里闪烁着泪花，凝视着杨略的眼睛。杨略觉得，此刻的葛怡像一朵月光下素馨的莲花，落上了露珠，真是楚楚可人，他不由身心俱醉。

"葛怡，你愿意和我一起走下去吗？"

葛怡又低下头去。

"你愿意吗？"他的脑海里，又想起刚才教室里的一幕。"在一起！在一起！"

葛怡低低地说："走吧。"

杨略不知道她是愿意和他一起走，还是时间不早了，得走回去了。但看葛怡往前慢慢地走，心就沉下去，沉下去，沉入了无底的深渊，一时僵硬在那里，眼前什么看不见了。但他忽然发觉，一只温软的小手悄悄伸过来，轻轻地握住了他的。他心头一热，紧紧地握住，眼泪夺眶而出。

二人一语不发，就沿着林间的小径，慢慢地走着。树林里升起淡淡的薄雾，一切都朦胧了，虚化了，宛如仙境了。

紫藤正在吐蕊，玉兰散发着幽香，竹笋在悄悄拔节。啊，一切虽然悄无声音，杨略却听到生命的激流在无声地运行。你瞧，樱树的疏影横斜在小径上，多像一根根琴弦。杨略觉得，他的每一步都触动了琴弦。一曲清越而迷人的乐曲，在他胸中轻轻奏响。他的胸口，正绽放着樱花和海棠。他什么也没说，但相信葛怡一定也都听见了，都看见了。

对于杨略而言，生活重新对他展现出迷人的一面。每天坐在教室里，与葛怡讨论问题，开开玩笑，说说故事，都觉得有无限趣味。诙谐的曾泉，潇洒的楚当当，严谨的单昀，也都围绕在他们身边。高考尽管让人感到压力，可是和这帮战友们在一起，杨略觉得很痛快。

清明节到了，爸爸回老家去祭祖，而他课业繁忙，就没有回去，在学校里继续奋斗。但爸爸的课程却没有落下，长信又如约而至。

第八课　经营丰富的社会关系

亲爱的杨略：

　　清明时节，细雨纷纷，又到了祭奠先人，寄托思念的时刻了。每到此时，人的内心就特别柔软。我穿过田埂，麦苗青青，溪流淙淙，几株桃树刚落尽花瓣，看得见一个个毛茸茸的小桃子。山窝里长满了青竹和松树，远处是小村子，房舍都掩映在樟树的浓荫里。山间不时响起鞭炮，那是村人在上坟了。

　　这么多年了，乡村一直是这样，单是草木更兴盛了些。我忽地想起你爷爷。他以前常说，吃过清明团子，就可以光脚下地了。他扛着锄头，领我去田间拔草。我兴奋起来，脱去鞋子，光脚踩着田沟里的稀泥，指间咕嗞咕嗞冒泡。

　　那天，阳光是那么好，每一片草叶都在闪光。你爷爷采了一把野蒜，中午回家炒鸡蛋，灶头响起翻炒之声，香味已袭到堂前，我早已垂涎欲滴了。

　　如今，昔人已没，只余回忆。我看着墓碑，鼻子一阵阵发酸。人这一辈子，最可怀念，最该珍惜的，就是亲人啊。若是平常不在意，不善待，忽有一天，这人走了，内心的空缺再难弥补，只能听任朝来寒雨晚来风，时时地触痛伤处了。

一、人际关系滋养我们的心灵

　　我在微信里看到了一段文字，是一位年轻的爸爸写给女儿的。看完之后，心里异常温暖。

小如，今天是你三周岁生日。真快啊，你已经从婴儿升级为幼儿了，从不会说话，到吐字不清只有爸妈听得懂，再到与陌生人沟通无碍，一切都发生在不经意之间。偶尔听到过去录下的音频，我会对你说，你听，以前你是这样说话的，把星星说成hinghing，把"没电"说成"没见"。你就开心地笑。

"我已经长大了，以后和妈妈一样大，然后生一个宝宝，我就陪着她……"

这就是你最美的梦想吗？毕竟是女孩啊。

看着你明亮的笑容，忽然心生恍惚。或许再一转眼，你就去了幼儿园，小班、中班、大班，当你七岁了，要上小学了，就留起马尾辫和覆额的刘海。那时我会拿起现在的照片，对你说："宝，你三岁时是这样的……"

这种感觉，就像翻开泛黄的老照片，看到小学时的自己，心里难免会有些惆怅。

而我可爱的小如啊，你就这样慢慢长大，渐渐远去，过自己的日子。到那时候，我该多怀念此刻啊，怀念你伸出小手来抚摸我的脸庞，怀念你看到猪八戒趴着喝水就会发出的笑声，怀念你背着小兔子四处跑的样子。

时间，真的是一个个瞬间，难以把握啊。

而我曾自诩是个有些事业心的男人，在哄你入睡，陪你玩耍，为你读书时，心里未尝没有焦虑之感，怕耽误了时间，影响了工作。可如今一回想，所谓的忙事业，已如浮光掠影，不过是略有痕迹。而唯有陪伴你的时光，再多也都嫌少，再少也很炫目。

于是，每次下班时，开车在路上，想到一按门铃，你会冲过来开门，并抱住我的膝盖，嘴角就不由上扬。于是，临睡前给你读14只老鼠的故事，你把小脑袋轻轻靠在我肩膀，我的声音就轻缓而温柔了。于是，我多么愿意牵着你的小手,去看小草、蜗牛、七星瓢虫、落叶,还有石板上跳跃的光斑。

于是,我写着写着,就忍不住站起身,去另一个房间找你,不管你在做什么,都一把抱起,亲亲你的小脸。

于是我知道,生命中最不后悔的,就是和你一起慢慢"浪费"的时光。

看到最后一行,我的眼中噙满泪水。在很长一段时间里,我没有好好照顾你。可能我从小所受的教育,就是考高分,争第一,而至于人际关系,如何与人相处,向来是比较轻视的,直到年纪渐长,才发现,人际关系的作用,远远超过了成绩。

现在我经常说,年轻人初涉人世,往往觉得房子车子票子是幸福的保证,这或许也对,可是我买房买车时,只快活了几日,因为永远有更好的房子、更好的车子在吸引着我们,让内心难以安顿。唯有事业与亲情、友情,才会带给我们长久的快慰。

比如,每次你回家来,和我聊天,天马行空,不着边际,却让我内心陶然。比如,我偶尔与好友相聚,酒至微醺,说些心里话,毫无隔阂,也是无比愉悦。

心理学研究的成果也印证了这一点。大部分心理学研究的相关系数达到0.3就被认为是显著相关了,而人际交往、社会支持与快乐的相关系数达到了0.7。所以,你的人际关系越融洽,拥有的社会支持越多,你就越快乐;你越快乐,你获得的优势就越多,也更易于成功。

因为我们与他人的关系正是我们的社会资本。它不仅会使我们的情感得以滋养,智慧得以磨砺,还能使我们更快地从挫折中奋起,取得更多成就。

二、比尔·盖茨说，个人英雄主义时代业已结束

人际关系与成功有关。或许正因如此，许多高材生最后干不过辍学生。高材生自恃能力，愿意单干；辍学生往往有一帮狐朋狗友，而团队的力量是强大的。比尔·盖茨对此深有体会。

刚创业时，人才匮乏，比尔·盖茨亲顾茅庐，寻访英才。

按了半天门铃，全无动静。比尔盖茨心里有些烦躁。已经预约了多次，今天断不能无功而返。只得砰砰敲门，又过了半晌，终于响起脚步声，继而门被打开，露出一个人来。头发芜杂蓬松，耳朵上搁着一支铅笔。皱巴巴的白底蓝纹衬衫，洗得发白的牛仔裤，光脚套双拖鞋。脸却白净年轻，只是胡子拉碴，挂着深深的倦容。这应该就是传说中的高手吉姆·埃尔钦了。

"你是谁啊？"斜眼看人，分明是不耐烦。

"我是比尔·盖茨，昨天刚给你打过电话。"

吉姆埃尔钦上下打量了几眼。"哦，是你啊。进来吧。"转身往里面走。室内和他身上一样的凌乱。他一路轻车熟路地避开各种杂物。盖茨跟在后面，纵然十分小心，但还是碰响了几个易拉罐，噌啷啷滚开去。

吉姆在电脑前坐定了，似乎归了王位，气定神闲，问道："随便坐吧。找我什么事啊？"

盖茨依旧站着："我们公司正在研究一个操作系统，我们管它叫WINDOWS。遇到些问题，正想请你出山，助上一臂之力。"

一听到操作程序，吉姆·埃尔钦顿时来了兴趣："快给我看看。"倦意一扫而空，眼眸流动了神采。

两人三下五除二将系统装上电脑，都是行家里手，交流起来语速越来越快。但把系统弄了半天，也不见什么成效。吉姆·埃尔钦絮絮叨叨数落了一大堆不足，最后竟暴躁了，甩出一句："我从没见过比微软做得更烂的操作系统！"

盖茨正忙得一头汗水，对此评价竟也首肯："不错，正因为我们做得不好，所以才请你加盟。"

却没有听到回音。抬头看去，吉姆竟愣在那里，许久才喃喃地说："天哪，你还真让人感动。"

于是水到渠成，他决意加入微软的阵营，成为WINDOWS的负责人。数年后，WINDOWS开发成功，风行全世界。吉姆·埃尔钦也成为微软平台部门的副总裁。

比尔·盖茨深知合作的重要。他时常说："如果把微软顶尖的二十人挖走，那么我告诉你，微软马上变得无足轻重。"又说："能和一群聪明绝顶的人一起工作交流，这是一件十分幸福的事。"

在众多人才中，与比尔·盖茨最亲密的搭档有两位：保罗·艾伦和斯蒂夫·鲍尔默。

艾伦是盖茨在湖滨中学的同学，从小博览群书。1968年，与盖茨在湖滨中学相遇时，他以其丰富的知识折服了盖茨，而盖茨的计算机天分，又使艾伦倾慕不已。两人成了好朋友，一同迈进了计算机王国，掀起一场软件革命。

在谈到他们之间的友谊时，盖茨回忆说："他读了四倍于我的科幻小说，另外，他还有许多解释自然之奥秘的书，所以，我就问他有关'枪炮工作原理'和'原子反应堆'之类的问题，保罗把这些都讲解得头头是道。后来，我们经常在一起做数学和物理作业，这就是我们何以会成朋友的原因。"

创建微软之后，二人有了分工。艾伦喜欢技术，所以他专注于微软新技术和新理念，在研发了BASIC语言和操作系统方面显示了充分的远见。盖茨则以商业为主，一人全揽销售员、技术负责人、律师、商务谈判员等职。两位创始人配合默契。

史蒂夫·鲍尔默也是盖茨的搭档。1974年二人在哈佛大学相识，志趣相投，都对数学、拿破仑情有独钟，于是搬进同一个宿舍，起名"雷电房"。鲍尔默在哈佛时，像一只庞大的蝴蝶，总穿梭于各个角落，八面玲珑，似乎认识哈佛的每一个人。他有句口号："一个人只是单翼天使，只有两个人抱在一起才能飞翔。"

在微软诞生之初，盖茨事必躬亲。但是随着公司规模壮大，盖茨开始为管理上的琐事而烦恼，意识到微软还需要管理人才，于是想到了史蒂夫·鲍尔默。1980年，鲍尔默在盖茨的劝说下，从学校退了学，进了微软公司，最终坐上第二把交椅。2000年1月，他正式担任微软CEO。

盖茨总是得意地说："事实上，把鲍尔默引入微软是我做出的最重要抉择之一。"

鲍尔默是天生的激情派。他的管理秘诀，就是激情管理，给人信任、激励和压力。无论是在公共场合发言，还是平时的会谈，或者给员工讲话，他总要巍然屹立，一只攥紧的拳头击打另一只手，声音宛如爆破。

他的出现为微软增添了更多的活力。此外，他头脑敏锐，始终眼观六路，耳听八方，根据市场变化即时调整战略决策。在管理方面他也得心应手，终于让盖茨逃脱了繁琐的行政事宜，专心致志地做程序员。

不难看出，盖茨成为世界首富，依靠的并非运气，而是选择了合适的搭档，通过与他们性格、能力的互补，盖茨得以尽力展现自己的优势，最终如愿以偿地让微软戴上了软件帝国的皇冠。

斯蒂芬·科维将人际关系的思维归纳为六大类："一、双赢：利人利己（赢／赢）；二、损人利己（输／赢）；三、损己利人（输／赢）；四、两败俱伤（输／输）；五、独善其身（赢）；六、好聚好散（无交易）。"

双赢者把生活看作一个合作的舞台，而不是角斗场。一般人看事情多用二分法：非强即弱，非胜即败。其实世界之大，人人都有足够的立足空间，他人之得不必就视为自己之失。

略略，你该知道如何选择了吧？

三、正确沟通，让心灵走得更近

我们虽然知道了人际关系的重要性，可是我们往往因为缺乏沟通技巧，变得有心无力。许多人像刺猬一样，想靠近却又不能。于是那么多相爱的母子，见面却无话可说，形同陌路。那么多情投意合的朋友，却因为一点小矛盾没有化解，只能渐行渐远。

其实，良好的沟通技巧可以让朋友之间、亲人之间、师生之间更为和谐，从而获得良好的社会支持，有利于身心愉悦和健康。如果你遇到了困难，不妨从以下几个方面入手去改善。

1. 倾听让心灵走得更近。

这听起来简单，却并不容易。在感情里，一定要学会给予对方全部的关注。把电视、电脑和音乐都关掉，认真倾听对方说的每一句话，才是良性沟通的开始。

而现实中，尤其是聚会时，大家都在争先恐后地说话，显示自己的高明，最后大家七嘴八舌，谁也没听，于是谁都一无所获。若是此时，有人愿意安静下来，凝视着你的眼睛，静静地听，不时点头，顺着你的思路，说一些相关的话题。你会觉得，这人实在是太亲切了，太投机了，太相见恨晚了。好朋友就是这样，愿意互相倾听，得到彼此的尊重与抚慰。

当你和朋友发生争执，谈话变得激烈时，你应该从对话里撤出，留出空间去冷静，因为此时的你们并不能真正去倾听对方说的话。

2. 自我袒露，坦率地传递完整信息。

适当和朋友分享你的小秘密、小隐私，推心置腹，开诚布公，袒露真实的自我，那么你们的关系就会日益融洽、牢固。反过来，如果你总有太多保留，那么很快就会形同陌路。

此外，就算朋友关系再紧密，也不要认为对方知道你在想什么，把你的想法和感情正确地传达给别人的唯一方法就是直接讲出来，而且一定要传递完整信息。很多人和朋友闹矛盾时,首先的选择是拒绝沟通,保持沉默,让双方在冷战中遍体鳞伤。有些人会偷偷说一些冷言冷语,表示自己的不满,而偏偏是这些只言片语,若是让对方听见了,断章取义,就会让关系更加紧张。

3. 不要用威胁的语气。

威胁性的语言会激起对方的防御心理,从而使你们的沟通更棘手。除此之外,学会用平静的语气说话,乱吼乱叫只会让你们的对话更糟糕。

林肯年轻时,喜欢评论是非,还经常写信、写诗讽刺别人。有一次,他又写了一封匿名信讽刺当地的政客,当事人十分气愤,终于要求与之决斗,要不是在最后一刻,有人出来圆场做和事佬,美国历史上可就少了一位重量级的人物。林肯后来谨记教训,终其一生,他都把一句话当座右铭:"你不论断他人,他人就不会论断你。"

卡内基曾说:"当一个人受到批评、责备时,是一个危险时刻!"因为每个人遇到威胁,都会进行对抗,于是乎,结局是两败俱伤,沟通完全失败。当然,更差劲的沟通是揭人家伤疤,那人家能不恼羞成怒,跟你玩命吗?

4. 眼神交流和微笑致意。

目光的接触是良好沟通中一个非常重要的方面,面部表情可以透露出一个人内心的感受,大量的沟通建立在非语言的基础上,眼神的交流能极大地帮助你提高沟通技巧。

笑容所以珍贵,因为那是内心的熟悦流露到了外面。

美国第三任总统杰弗逊是一位很了不起的人。有一次,他骑马到乡间出游,途中遇到一条河,但是桥断了。当众人想抱着马渡河时,一名农夫出现,手上提个包包,走向杰弗逊,请他帮忙让他抱着马一起渡河。过河后,有人问农夫:你怎么知道要找我们的总统?农夫回答:啊!我不知道他是总统。因为我只在他脸上看到 Yes,其他人的脸上都写着 No。

你的微笑,是沟通的最好纽带。

5.给予真诚的赞赏和感谢。

人类本质中最殷切的需求:渴望被肯定。每个人都在心底,为自己投射出一个完美的形象,我们都希望自己就像心底想象的那么美好!不要将赞美当作是讨好别人的工具。"give"是给予,就不是交换,不要求对方回报。真诚的赞美与感谢,是不带企图、没有心机的!因为赞美,可以让对方觉得你尊重他。尼采曾说:"人的一辈子都在寻找重要感。"卡内基说:"我们希望别人怎么待我们,我们就要怎么待别人。"所以,经营人际关系,真诚的赞美和感谢,是不可少的。

总之,有效的共同技巧可以帮助我们改善人际关系,解决问题,同时获得更多的快乐体验。

四、心灵体操:感恩练习

有一个简单的练习可以提升你的快乐感,增强人际关系。

闭上眼睛,想出一个人,他曾实实在在地帮助过你,或者其言行让你受益良多。但你从来没有充分地感谢过他。

那么,你给他写一封信吧。在信中,你要明确地回顾他为你做过的事,以及这件事如何影响到你的人生。让他知道你的现状,并提到你是如何经常想到他的言行的。注意,要写得拨动心弦!

写完感谢信后,给他打电话,告诉他要拜访他,但不要告诉此行的目的。见到他后,慢慢地念你的信,并注意他和你自己的反应。然后你们讨论这封信的内容,并交流彼此的感受。

当然,也许你觉得当面读,会让你尴尬。那么,就把信寄给他吧。在感恩的时候,我们的脑海里,会浮现出美好的回忆,让我们内心陶醉。同时,表达感激之情也会加深我们与别人之间的关系。

这种写感恩信的练习,可以让你用一种周到、明确的方式,体验如何表达你的感恩之情。

信先写到这里。

祝福你。

深爱你的
倪甫清
4月7日

我该感谢谁呢？杨略看完了信，不由浮想联翩。感谢爸爸、妈妈，感谢葛怡，感谢欧阳老师，还有许许多多的人，列起来，将有一个长长的名单。正因为有他们在身边，他，杨略，才逐渐成长，获得人间的至福。而信中那位父亲写给女儿的信，或许也正是爸爸的心声，以后……他又温馨地想下去，以后，他和葛怡也会有个小宝贝，漂亮，聪明，活泼，容他们疼爱，带给他们无限的欢喜……

语文课开始了，欧阳老师分析试卷中一首词，是李清照的《醉花阴》，词曰："薄雾浓云愁永昼，瑞脑销金兽。佳节又重阳，玉枕纱橱，半夜凉初透。东篱把酒黄昏后，有暗香盈袖。莫道不消魂，帘卷西风，人比黄花瘦。"他讲解了一番，为了加深理解，又说起李清照的生平。

李清照之父李格非是苏门后四学士，所以李清照家学渊博，自小才华横溢。十八岁时，嫁与时年二十一岁的太学生赵明诚。当时李清照之父作礼部员外郎，赵明诚之父作吏部侍郎，均为朝廷高官。李清照夫妇才貌相当，琴瑟相和，都喜爱古玩，常常典当衣服，去购买碑文，相对展玩。但因为卷入党争，两方父亲都遭了难，先后病故。李赵二人回到故里，过了一段清静生活。赵明诚38岁时，重新被朝廷起用，二人情感却遭到了巨大危机。原来赵明诚风流自赏，寻花问柳，包养歌伎，让李清照极为失望。

"唉，男人啊。"

郑乔姿忽然插了一句。

曾泉又趁机卖弄学问了。他和郑乔姿颇有些一唱一和。

"我发现了，梁山伯与祝英台、罗密欧与朱丽叶、还有杰克与柔丝，他们是没在一起，所以故事才优美感人。那些在一起的，比如司马相如和卓文君、刘彻与金屋里藏的阿娇、赵明诚和李清照，到头来都是痴心女子负心汉。"

杨略着急起来，怕葛怡又受到这种思想的蛊惑，急忙争辩："那你怎么不说说诸葛亮与黄月英相知相助，梁鸿与孟光举案齐眉呢？还有梁思成与林徽因，不也是白头偕老吗？"

曾泉却继续说："白头到老？哼，也不过是白头熬到老啊。"

"你！——"

欧阳老师阻止了他们的争论，继续自己的讲授。

"虽然感情出现过危机，但赵明诚也知道，真正志同道合的，只有妻子李清照一人。有一回，赵明诚外出巡视，来到一家富户。那富户知道赵大人喜欢古书，就拿出家藏的一套白居易手书的《楞严经》给他看。赵明诚一看十分喜欢，想要购买，但富户不舍。于是赵明诚就借了两天，飞马奔回，与李清照共赏。二人点了蜡烛，细细观赏，看得喜欢，又是焚香，又是喝酒，直到深夜两点钟，高兴得都快发了疯。你说，这样高级的快乐，这种志趣相投，不是情感最有力的维系吗？"

杨略听了，深以为然，抬头去看葛怡。葛怡也恰好回头来，二人相视一笑，均感无限欢喜。

这一天，陈子轩吃罢晚饭，照例骑着自行车又来到理工学院，并且又走进那家书店。忽然，他定住了。就在靠窗的位置，坐着一个极美的姑娘，圆润的脸庞，五官搭配得好。有双大而亮的眼睛，一派天真明澈。身材也是饱满，活力透过白嫩的皮肤，显出粉红色。虽然她留了长发,但陈子轩一眼就看出,这正是他日思夜想的储旭亮。一年不见,她的肤色日渐红润迷人了。

他的心脏怦怦直跳,又不敢走近,就绕到旁边的书架,透过书的间隙,时常向她瞄上一眼。她在看书,用耳塞在听歌曲,对他的目光浑然不觉,却平添几分娴静妩媚。

不知过了多久,她站起来,踮起脚去取一本高处的书,手举得高高,小小的T恤也提起来。一截雪白的腰,如凝着一波涌流的白浪,弧线优美,下面更有岛屿柔和地隆起。

他有些口干舌燥。

然后她拿着书,去了收银台,小嘴微微抿着,似挂着一丝笑意。付完了钱,她把书塞进乳白色的背包,披上一件黄色的风衣,走出书店,骑上一辆自行车,轻盈地向前去了,风衣随风飘摆,身材线条优美流畅。他竟不自觉地跟了上去,也骑上车,尾随于后。是的,难得一见,他万万不肯错过了。

路灯下樟树无声地沉默着。在明与暗之间,偶尔有人经过,看不见表情,走得无声无息。

储旭亮骑出学校,继续往前。这是周末,她这是要回家吧。

路况并不好,不时有裂痕出现,在晕黄的路灯下并不明显,直到车轮碾上去,咯噔有个落差,才让人感觉到危险的存在。行不多时,路边出现悬铃木、广玉兰,将灯光遮得更为朦胧。

他一路尾随,与她相距五米左右。若有红绿灯,他早早停下,不让她发现。有时他有些恍惚,想紧踏几脚与她并肩,向她打招呼。该怎么开口呢?她还认识我吗?

胡思乱想间,竟没有发觉前面已亮起红灯,他差点超上她。一阵慌张,连忙拐到边上的人行道,隐在树荫里。幸喜她不曾发现。

她在一家面包店前停下,打了声招呼,里面随即有人迎出来,是个短发的女孩,瘦小平凡,应该是个兼职的大学生。他走也不是,停也不是。刚好旁边有辆大巴车。他将车停在一边，躲在阴影里眺望。储旭亮和那女孩是熟识的，互相开玩笑，有时笑得弯下腰去。她是如此开朗而健康啊。陈子轩不由得感叹。

大巴车忽然开动。他一时惊慌失措，急忙掉转车头，拐了弯往回骑出好一段距离，这才停下。心怦怦地跳。约摸过了三分钟，他再返回，却见店前空无一人。前方灯光昏暗，路人又多，看不到她的身影了。

他原本应该回去，却又追随上去，一路寻觅，过尽千帆皆不是，路面偏又凹凸，车子一直弹跳，倒让他有些清醒了。我这是在干什么呀？他开始自责，正要回头，却发现了她，正在前方不远处，依旧骑得从容。进入一条小巷，路人渐稀，幸好广玉兰高大繁茂。他跟在后面，也不易被发觉。

她放慢了速度，穿过一道铁门进去了。他完全没有机会去打招呼了，一时有些沮丧。他抬头，小区的名字是"明月润居"。啊，储旭亮，你真是一轮明月啊。他望着她的身影渐渐隐没在树丛中，不由愁肠百结。

"以后，还能遇见你吗？"

他看不见储旭亮了，这才慢慢骑车回去，一路回想着以往的一幕幕。回到寝室，他在床上开始作画，将这一天的经历化作八幅漫画，讲述了一个唯美而忧伤的尾随故事。

"下次，一定把画册交给她。她……会懂的。"

第九章

爱伦·弗朗西斯说："这种紧张、易怒的恶性状态以及焦灼的感觉耗费精力，使人的工作效率下降到可怕的程度。勇敢者只死一次，但是，有普遍焦虑症的人死一千次。"当我们深陷焦虑，要用理智来战胜它，通过风险评估，告诉自己，这事不会有灾难化后果，自己能应付，同时采取行动来解决问题。拖延只会延长痛苦，并不能帮助我们解决问题。另一方面，采取行动可以增加我们解决问题的可能性，并且提供了重要的推动力。

自从祁月回到班级之后，大家都格外关注她，各科教师都倾尽心力，告诉她一些学习方法，同学们与她结成学习联盟，生活上也处处相帮，这让她倍感温暖，似乎获得了新生，学习上也有了起色，在第二次模拟考试中，她居然进入全班前二十，整整进步了二十名！这种业绩，自然让人刮目相看。而她呢，一时心境开朗了许多，走路昂首挺胸，迈步也分外有劲儿。有时碰到老师叫住她，她预知到老师肯定会表扬，就站在那里，做出羞涩的表情，心里却如同喝了蜜糖水。

但随着时间一天天过去，第三次模拟考试临近了。祁月想再接再厉，在这次考试中取得更大的进步，一举进入全班前十。但她不知道，原先她已沉入谷底，所以稍经振作，即可一跃而起。但越是往前，越是高手如林。大家百舸争流，寸步不肯放松。祁月要想迈进前十，那是极为困难的。但她已经被胜利冲昏了头脑，内心的渴望越发强烈了。

祁月似乎又回到了初中，她在全班位居第一，春风得意，众人追捧。她似乎相信，这种荣光在高中也能重演的。于是她故态复萌，放弃了所有的娱乐时间，埋身于书山题海之中。

"祁月，我们去外面走走吧。"下课时，别人这样约她。

"你去吧，我做好这道题。"

"祁月，我们去打排球吧。"下午第四节课是运动课，别人这样约她。

"你们去吧，我看完这几页书。"

其实，祁月看到同学们在走廊上聊天，去操场打球，心里非但不羡慕，甚至还有几分窃喜，觉得龟兔赛跑，兔子们自由散漫的时候，她这只吃苦耐劳的乌龟，片刻不停，已然赢得了先机。她在这种想法的指引下，更是抓住一切时间来学习，早起晚睡，吃饭匆匆忙忙，连上厕所也是一溜小跑，一路默念几个英语单词。

然而，祁月很快就发现，在几次小测试当中，自己似乎并没有获得如期的进步，只是徘徊不前。而那些自由散漫的兔子们，也似乎没退步。

"坏了，真的是我脑子笨？"

这样一想，祁月顿觉懊丧压抑，心里头就像塞进了一块什么东西，绵软、腻韧，像一段浸了水的海绵，吐不出，挤不干，并不疼痛，却又噎得慌。白天倒也罢了，要做题就做题，要听课就听课，自修课上虽然头晕脑涨，但竭力振作，也能应付过去。可一到晚上，不知道有多少想法在她脑子里打转，一会儿像放烟花，乒里乓啷；一会儿呢又到了是大马路，车子来回穿梭，就没个安静的时候。她睡不着，就听点英语。但听着听着，却又走了神，居然会想到很久以前的一些小事。

"我这是又要犯病了吗？"

她忧心忡忡。幸亏这一回，她有了上次的教训，有事不再憋心里头，已经学会求救了。因为压抑情绪和想法，就等于把火药填进枪膛，然后一点点捣实，总有一天会爆发的。她找到了欧阳老师，说明了状况。

"你去心理咨询室吧，曹老师会帮助你。"这是欧阳老师的建议。

其实，自从祁月从医院回来，曹老师定期会帮助她。不过，在祁月看来，总去咨询室，会遭同学嘲笑的，因此去得极少。然而这次，又是火烧眉毛，她两害相权取其轻，就走进了心理咨询室。

曹老师是个三十来岁的年轻人，身量不高，却极文雅，穿着洁白带条纹的衬衫，止在看一本厚厚的图书，看到祁月进来，忙起身相迎，让她坐下，又给她倒了杯水。

"祁月，你来啦。我能帮你什么吗？"

咨询室内陈设简单，不过一个白色书架，摆着各类心理学图书。旁边是浅蓝色长沙发，墙上挂着清新的水彩风景画，画的是蓝色的大海，和同样蓝色的天空，几点白鸥在飞翔。在这里，祁月心里总是轻松的。她接过了水杯。

"曹老师,我,我最近感觉心里头堵得慌。"

曹老师在她旁边坐下了,温和地问道:"能说具体一点吗?"

"我晚上睡不好,白天昏沉沉的,但一想到被别人超过,就不敢有半点放松。我现在感觉到心跳得好快啊……"她用右手捂着胸口,"扑通扑通的,特别是晚上睡不着觉时,甚至心跳声音都听得到。那时候,我就拼命告诉自己,睡吧,快睡吧,不然第二天就没精神啦。最后的结果,是睁眼到天亮,第二天强打着精神,肿着眼泡去教室。"

曹老师知道,祁月是典型的上进学生,要求严格,乃至严苛,而且带点急躁,希望一用功,成绩就立竿见影地提高。

"你感到很焦虑,对吗?"

"对,一想到离高考只有一个多月,我心里就发慌。"

"别担心,无论是谁,面对高考,心里总不能轻松。记得当年,我在考试时,监考老师发下试卷,我看着上面的题目,忽然一阵天旋地转,心跳快得出奇,几乎要从嗓子眼里蹦出来。幸亏我当时学了点自我放松法,心里才慢慢平静下来。"

祁月最怕的就是自己也遇到这种情况,关键时刻掉链子,三年之功毁于一旦。

"当时您是怎么自我放松的呢?"

"今天我就教给你方法,以后每次感到焦虑,就反复练习,让内心变得放松。"

曹老师让祁月躺在沙发上,并开启了旁边的CD机。

祁月乖乖地躺下了,但双手还紧张地护在胸口,捏着小拳头。轻盈的乐曲充满了房间。祁月听得出,是《人鬼情未了》的插曲,但换了一个女音,嗓音轻盈、温和,配上中提琴的缠绵,让她的心微微颤抖,却又无比妥帖,安适。

"祁月,你想象一下,此刻,你躺在草地上,阳光很温暖,天空很蓝,风轻轻地吹拂着身体,你的头发在风里飞扬,于是,你的脸部放轻松了,眉头放轻松了,眼睛放轻松了,鼻子和嘴巴,都放轻松了……"

祁月很自然地进入了想象。音乐如同一阵暖风拂过,树叶子在轻轻摇晃,小溪在淙淙流淌,除了偶尔有鸟鸣,其余都是安静的。而她,正躺在溪边的草地上。曹老师每说到一处,她就轻轻动一下相应的部位,感觉自己是一团皱巴巴的纸球,被音乐左一揉,右一抻,就一点点舒展。终于,浑身都平整了,轻盈了,飘起来了。她不由又想到了乡间的五月。小时候,她要帮家里干活,在田里割草,累了,索性就躺倒在紫云英里,青涩的草香灌满了肺叶。她嚼着花茎,看梨树抽出柔嫩油亮的新叶,天空里掠过轻灵的燕子。

"感觉好些了吗?"

曹老师的声音把祁月拉回了咨询室。

"好多了。"祁月坐起来。

"那我们做些题目,好吗?"

曹老师递给她一张纸,上面是三个问题。

一、你的学习目标是什么?

二、你的学习动力是什么?

三、你怎么看待成绩?

祁月接过来,并未花费多少时间,几乎是一挥而就,就把答案填上了。曹老师看到她的答案极简练:

学习目标——考大学;

学习动力——考得比别人好;

看待成绩——考得好时怕退步,考得差时很恐慌。

最后一个答案,倒还有点对仗。曹老师微微一笑,拿起笔,在每个答案后面都写上了三个字:"为什么?"

祁月顿时茫然了。为什么?考大学,考得比别人好,这是每个人高三生的心声,和 1+1=2 一样,乃是公理,还需要论证吗?还有,考得好时怕退步,这叫忧患意识;考不好就恐慌,这不是知耻后勇吗?

这有什么问题呢，估计所有同学都是这种心态吧。

曹老师又用手指点了点那三个字，探询地看着祁月。

祁月嘟哝道："我觉得没有为什么呀。现在我的任务就是考大学，就是要考大学，考上了，就什么都好了。为了这个，我基础不太好，就得拼命。既然拼了命，肯定要考得更好。"

"那结果如你所愿吗？"

"没有。"

祁月的头低下去，声音也低下去，沉入酸楚的记忆里。

"一直没有吗？"

"那也不是，前段时间进步挺快……可是。"

对于她的进步，曹老师是了如指掌的。但他深知，进步只会让人暂时快乐，对于深层的内心喜悦，并没有多大影响。许多人能胜不能败，能进不能退，便是内心不够强大。

"那对于这些进步，你是怎么看的呢？"

祁月的眼中似乎闪烁了一点兴奋，但随即又熄灭了。

"还不错，可是，离我的目标差得很远……"

"那你的目标是什么？"

"班里前五，不，起码，前十吧。"

"就像你在初中时那样？"

一听到初中，祁月抬起头来，眼波流动，脸上也焕发出一种光彩。那真是一段光辉岁月啊，在那个乡镇中学里，周边是一畦畦的农田，水稻、麦子、甘蔗，间杂着桃梨杏梅，一直延伸到不远处的山林，教室里都听得见犬吠、鸡鸣，时光慢悠悠的。课间，尤其是午后，大家都能踱到田间去的，爬到山顶上去。而她读书是用心的，成绩是领先的。老师器重她，什么竞赛都让她出马，成功了就庆祝，失败了就安慰。同学间都钦佩她，也喜欢她，相处是和睦的。每天上学路上，她想到同学，想到上课，内心充满了期待，脚步就轻快了许多。那些日子，真的一寸寸都是快乐的，无忧的。

可惜一到高中，好日子就过完了。她忽然从云际跌落，变得默默无闻，平庸地湮没在人群之中。可是，品尝过初中时的光辉和荣耀，她就想再次品尝。她相信事在人为，相信天道酬勤，相信一切屌丝逆袭的励志话语。她在笔记本上写着："哀兵必胜！"一撇一捺，像是用刀锋劈成的。但是事情并没有她想象得那么容易，那么水到渠成……

曹老师等不到她的回答，开始担心她陷入循环的忧思中难以自拔。

"你现在觉得焦虑、抑郁，你知道它们的根源是什么吗？"

"我想，是高考的压力吧。"

曹老师摇了摇头："不一定。高考压力对于大家来说都是一样的，但有的同学很轻松，有的同学很压抑，你知道为什么吗？"

"有人成绩好，就轻松；有人成绩差，就压抑。"

"可有些成绩好的，还想再高，于是压力很大。而一些学生基本放弃了高考，整天自由散漫，你觉得他的压力大吗？"

祁月若有所思："那您说，焦虑和抑郁的原因是什么呢？"

"是内心的信念，或者说，是信条。"

"信条？"

"我简单说明一下。外界的压力，要通过信条的筛选，才能引发具体的感受，再表现为情绪。不合理信条有三种：一是绝对化要求，比如'我必须成功'，'我必须超过别人'，绝无退路；二是过分概括化，以偏概全，以一概十，稍有失败，就觉得自己一无是处；三是灾难化思维，一旦有坏事发生，结果就必然糟糕之极，于是陷入焦虑抑郁中难以自拔。"

这些言论，是杨略爸爸说过的，只是祁月并未看过那些信，所以曹老师的话，祁月觉得很新鲜，一条条认真地听，脸上越来越凝重了。

"我好像，每条都占了……"

"所以你感觉这么累。"

曹老师说了一个故事。在他老家隔壁，住着夫妻二人，都是七十出头，早年间过惯了苦日子，面朝黄土背朝天，汗珠落地摔八瓣，遭过饥荒要过饭，一辈子恓恓惶惶，至今还住在泥房里，大白天里面也黑魆魆的。老爷子向来身体不好，地里的活儿都是老婆子干的。谁知老婆子十年前中了风，眼歪嘴斜，很是吓人。幸喜抢救及时，平常干惯了农活，身子骨硬朗，所以挺了过来，只是脚有点瘸，手指伸不直，重活是干不了了，只能养些鸡鸭，每年的收入自然是低微的。儿女日子也紧巴，只有年底才给他们千八百的。这些年，他们领上了补贴，但两人加起来，每月不过一百二十块。

"可就算这样，老两口每天却都说日子快活，钱都花不完，老了老了还享福了。你知道为什么吗？"

"是他们懂得知足常乐吧。"

"可以这么说，如果更准确地说，是他们的能力够得着目标。收入虽然低，但他们菜自己种，鸡蛋在鸡窝躺着。说到花钱的地方，也不过是隔三差五买点肉，年底了买身新衣服，其他的花销基本没有。而他们的目标，也不过是衣食无忧。所以钱不多，但的确够用。"

祁月点了点头。毕竟是初夏，接连几个大晴天，气温陡然升高。曹老师穿了件白色衬衫，袖管虽然卷起来了，但说得激动，脸上手臂上还是浮起一层微汗，但他完全顾不得了。

"另外一户人家……"曹老师又说道，"情况却截然相反。丈夫本是中学老师，退了休，领着四五千的退休金，在农村里这可算是高收入。两个儿子修电器，收入很不错，也都孝顺。照理说，他们的日子应该过得风光体面，舒坦无比了吧。可他们家时常吃不上饭。你肯定奇怪了，这么有钱，怎么混得这么惨？其实也不是没钱买米买菜，而是没人烧。他老婆算是个工作狂，家里挺有钱了，她却不闲着，整天干活，做衣服缝被套，忙得连做饭时间都没有，还时常怨天尤人，絮絮叨叨。你说，她这是图什么呢？"

"我不知道。"

"说是要给孙子准备点家产。这就好笑了,她儿子不是挺能干吗,还缺她那点钱?其实呢,她一心一意的,就是要活得比别人强,过得比别人好。可是呢,她能力却是不足的,但又不自知,于是拼了命,把有限的生命投入到无限的攀比中去。可见啊,人活到最后,活的就是心态。"

祁月听懂了,她的手轻轻抚摸着沙发的皮面,有些不知所措。

"曹老师,你是说我心气太高了,对吗?"

"你觉得呢?"

"可是,一直以来支持我的,就是这个大学梦。梦想没了,我就什么都没了。我就找不到人生的意义了。"

"我不是让你不要梦想,而是希望你换一种表述,是'努力追求梦想',而不是'我一定要实现梦想'。"

他将祁月手中的纸拿过来,添上了几个字,于是就变成了:

学习目标——努力考大学;

学习动力——努力考得比别人好;

看待成绩——考得好时享受成功喜悦,考得差时发现问题,重新上路。

"总之,我希望你能了解自身能力,制定合理目标,享受学习过程,淡化成绩意识,坦然接受结果。"

祁月默默地看着这些字,又听着曹老师的话。不知怎的,她心头那块海绵裂开了,大块的化作一股烟,就此消散了。小块的还在心里搁着,藏在角缝里,时不时会探出头来,让她难过焦虑一阵子。但她相信,自己有办法对付它们。

当然,在高考面前,焦虑的绝不止祁月一人。为什么单说她呢,只是她更明显,并接近于病态罢了。其他同学呢,自然也都焦虑,很有几个一到模拟考,晚上就失眠,第二天晕头晕脑,考完就痛哭流涕。

杨略虽然总做出一副气定神闲的样子，但一想到高考，就觉得心慌气短。以前他虽然谴责高考，但总认为高考还是远在天边的事情，骂高考，就宛如骂日本鬼子，过瘾，正义，然而无害。谁想，这么快，高考就迫在眉睫了，四十多天，三十多天，如今满打满算，也就一个月了。他忽然觉得，还有好多书没有看，很多题没有做，总觉得没有十足把握。唉，还是之前太放松了，要是高中三年都是此刻的劲头，那清华北大还不是探囊取物？甚至，他都有高复一年的念头来了。

要是再给我一年，铆足了劲儿，就算用题海战术，地毯式攻击，那也绝对是……不过，学校往年都有高复生，虽说时间充裕了，但压力更大，考试成绩往往与上一年并差不了多少。

"估计人也是有极限的吧。我的极限又在哪儿呢？"

这几次模拟考试中，他成绩有了进步，但毕竟不够稳定，所以心里感到焦虑，于是和爸爸说了状况。才隔了两天，他就收到了爸爸的来信。

第九课　用智慧战胜导致焦虑的信条

亲爱的杨略：

见字如面。

你说自己心里总是悬着什么，绷得紧紧，难以放松。是的，面对高考，你在焦虑。焦虑是什么？你看，"焦"字，上"隹"下"火"，小火烤小鸟，属于慢慢地煎熬。"虑"为远虑。一切焦虑，都源于对未来的不确定、不肯定、难以把握，而产生的煎熬的感觉。其实，不单是你，这几乎是一种时代之病了。

一、最好的时代，最坏的时代

我们处在一个最好的时代，我们又处在一个最坏的时代。

为什么说这是最好的时代呢？在当前的中国，一个人不论身世如何卑微，但他依然可以相信，生活充满各种可能。此刻虽然衣衫褴褛，貌不惊人，说不定明天就成为企业家、科学家、作家、大律师，爬上社会金字塔的上层。于是整个社会呈现出积极、进取的势头。或许你会说阶层板结，富二代、官二代赢在了起跑线上，但对比文革的血统论，还是好了太多。

可是，我为什么又说，这是个最坏的时代呢？

有一回，我去外地讲学，遇到一个朋友，四十余岁，博学诙谐，颇多妙语。在车上，他一边打方向盘，一边笑道："这个时代，做男人难，做不成功的男人是难上加难。"

一车人听了，都会心而笑。

的确，在我们这个时代，成功人士威风八面，意气风发。尤其是那些白手起家者，名利双收之后，常常是一拍大腿，畅想往事：嘿，想当年，我靠蹬三轮车挣了几百块钱，然后练摊……言下之意，就是我不靠天、不靠地，全靠自己的聪明才智、英明神武，才有现在的这份荣耀。其他不成功的人听了，也无不景仰，同时也深感惭愧，并油然而生沮丧之情：莫非我真的素质低下，才混成这样？

这些观念，让安贫乐道的人坐

> **知识点链接：**
>
> 阿兰·德波顿（Alain de Botton），作家，1969年出生于瑞士苏黎世，毕业于英国剑桥大学，现住英国伦敦。著有小说《爱情笔记》及散文作品《拥抱逝水年华》、《哲学的慰藉》等。他通晓英、法、德、西班牙数种语言，深得欧洲人文传统之精髓。他左手小说，右手散文，在文学、艺术、哲学、评论中自由进退、恣意穿插。他的小说思想丰赡、才情纵横；他的散文和评论又意象丰沛、妙笔生花。

不住了，心里盈满焦虑，不满于现状，又不知如何奋起，于是各类励志书籍应运而生，教人怎样获得成功。这些书往往颇为畅销。而很多励志书，其实"励"的不是"志"，而是"欲"，甚至传播着"厚黑学"，强化了一个人只有获得财富和地位，才算真正的成功。

这种情况令人担忧。

英国作家阿兰·德波顿将这种现象称为"身份的忧虑"。他在同名书中说，在欧洲的中世纪，人和人是不平等的，大家也习以为常。而且没有中国的科举制度，朝为白衣、夕为卿相的事情，基本上不会发生。所以，有的人天生就是国王，是贵族，是人上人，一辈子享尽荣华富贵；有的则天生是农民，是仆人，一辈子做牛做马。但因为命运是上天注定，无法改变，于是大家也都接受了，内心还算平静。

后来通过一系列的革命，终于人人平等。尤其在独立战争后的美国，仿佛一个纯真干净的新生儿，民主、自由蔚然成风，每个人都拥有了教育权、选举权，生活富裕，活得很有尊严。但与此同时，"身份的焦虑"悄无声息地出现了。

怎么理解这种焦虑呢，举个简单的例子：张三原本过着挺不错的小日子，有一天早上，他喝着牛奶，吃着早点，悠悠然翻开报纸，忽然眼睛定住了。你猜猜他看到了什么？原来是他的同学李四在上面，西装革履，笑容满面，获得了什么商业或科学大奖。张三心里顿时酸意蒸腾，将报纸一扔，哼，李四算什么玩意儿，当年还抄我作业呢！

我们号称"人人平等"，既然"平等"，为什么你有钱，而我没钱呢？而且，现在的成功人士，都显得那样道德高尚、光彩照人。比如比尔·盖茨，是科学家，是蝉联的首富，也是慈善家。张瑞敏呢，是企业家，是智者，也是中国崛起的象征。他们都是时代的宠儿。

这些宠儿成为榜样，无数年轻人心灵得到激励，觉得人生苦短，又没有来生，当然要抓住有限的生命，奋力拼搏，获得成功。这种精神，无疑给社会注入了无限的活力，也是当代社会舆论、学校教育所极力推崇的。

可是，我们也应看到，只有少数幸运儿把握住了良机，脱颖而出，实现他们的梦想。而更多的人，也同样优秀，也同样有梦想，但因为缺少了机遇，不能改变自己的地位，于是变得焦虑、消沉、自轻自贱，因为他认定了死理：贫穷不仅仅是经济问题，而是素质问题，说明一个人不聪明、不努力、不执著。这种心态发展到极致，就酿成了心理问题。

二、正反两面看焦虑

其实，焦虑是觉得将要发生坏事情时所感受到的担忧和畏惧，常伴随着不愉快的躯体症状，例如心跳和呼吸加快，肌肉紧张和出汗。每个正常人都会偶尔感受到焦虑；但是，强烈的持续的慢性的焦虑会成为最具杀伤力的疾病之一，严重损害我们办事情的能力，让我们无法享受生活，并且让我们感到世界很不安全。

焦虑情绪是有作用的，是进化本身促进了焦虑的出现。因为对动物和人来说，焦虑都有利于生存。在上百万年的进化中，焦虑提高了我们探测环境中威胁的能力，并且让我们迅速增强能量，帮助我们逃离那种威胁。

而在今天，我们感受到的威胁往往是情感上的，而不是人身安全方面的——比如考试的压力、前途的忧虑、紧张的人际关系等。尽管这些情况不会对我们的生存造成立即的伤害，我们依然当作自己的生命受到了威胁。

在很多情况下，过于紧张并准备采取行动却不再有好处。实际上，持续的焦虑所导致的生理变化反而会产生一些问题，例如头痛、肌肉抽筋、肠胃不舒服、神经过敏、脾气暴躁、筋疲力尽甚至惊恐发作。不单是成绩一般的学生焦虑，成绩优秀者也同样焦虑，甚至更加焦虑，因为他们的自我要求更高。

以葛怡为例，我们都知道，她是一位品学兼优的学生，可父母期待很高，希望她成为状元之才，从小就给她灌输种种思想，让她丝毫不敢懈怠。所以她尽管成绩不错，却经常感到焦虑。成绩好的时候，她害怕以后能否保持；成绩不好的时候，她担心自己是不是江郎才尽。尽管她在同学心目中是顶级的优秀生，她却还是焦虑，这让她难以享受自己的成功，难以对未来保持乐观。

那么，到底是什么造成了焦虑呢？

其实，焦虑是指我们由于不能达到目标，或是不能克服障碍的威胁，致使自尊心与自信心受挫，或者导致失败感和内疚感增加，形成一种紧张不安、带有恐惧的情绪状态。

焦虑主要有以下四个原因。

（1）担忧：关注坏事情发生的可能性，有焦虑倾向的人顾虑太多，其中有些人总是为这样那样的问题而担忧。这有时候被称为"万一综合症"，因为当事人关注的是发生负面事件的可能性。

（2）保持担忧：认为担忧会预防坏事发生。其实，焦虑所造成的痛苦，超过我们害怕的情况所造成的痛苦。我们大部分痛苦来自负面的预期而非事件本身。

（3）恐怖化：觉得事情很糟，远远超过实际情况。把事情恐怖化之后，我们就过高估计了发生坏事情的可能性，并且夸大了出事之后的不良后果。

（4）完美主义：尽管我们想把事情做得完美，但总有时候我们做不到。结果，我们变得很焦虑，因为我们可能达不到自己的高要求。完美主义让我们踟蹰不前，因为我们怕自己做得不好，于是难以起步。对控制的过度追求，对赞许的过度追求，也会造成焦虑。

爱伦·弗朗西斯说："这种紧张、易怒的恶性状态以及焦灼的感觉耗费精力，使人的工作效率下降到可怕的程度。因为很大的精神能量都花在无用的操心上面去了，而正经八百的事情却无力去完成了。我们借用莎士比亚的一句话:勇敢者只死一次,但是,有普遍焦虑症的人死一千次。"

三、焦虑自测

"焦虑自评量表分析系统"是根据 Zung 于 1971 年编制的"焦虑自评量表(Self—Rating Anxiety Scale,SAS)改编而成,请独立地、不受任何人影响地自我评定。下面有二十条文字,请仔细阅读每一条,把意思弄明白,然后根据您最近一星期的实际情况在适当的方格里划,每一条文字后有四个格,表示:

A. 没有或很少时间;

B. 小部分时间;

C. 相当多时间;

D. 绝大部分或全部时间。

1. 我觉得比平时容易紧张或着急　　　　(A)　(B)　(C)　(D)
2. 我无缘无故就感到害怕　　　　　　　(A)　(B)　(C)　(D)
3. 我容易心里烦乱或感到惊恐　　　　　(A)　(B)　(C)　(D)
4. 我觉得我可能将要发疯　　　　　　　(A)　(B)　(C)　(D)
5. 我觉得一切都很好　　　　　　　　　(A)　(B)　(C)　(D)
6. 我手脚发抖打颤　　　　　　　　　　(A)　(B)　(C)　(D)
7. 我因为头疼、颈痛和背痛而苦恼　　　(A)　(B)　(C)　(D)
8. 我觉得容易衰弱和疲乏　　　　　　　(A)　(B)　(C)　(D)
9. 我觉得心平气和,并且容易安静坐着　(A)　(B)　(C)　(D)
10. 我觉得心跳得很快　　　　　　　　　(A)　(B)　(C)　(D)
11. 我因为一阵阵头晕而苦恼　　　　　　(A)　(B)　(C)　(D)
12. 我有晕倒发作,或觉得要晕倒似的　　(A)　(B)　(C)　(D)

13. 我吸气呼气都感到很容易　　　　(A) (B) (C) (D)
14. 我的手脚麻木和刺痛　　　　　　(A) (B) (C) (D)
15. 我因为胃痛和消化不良而苦恼　　(A) (B) (C) (D)
16. 我常常要小便　　　　　　　　　(A) (B) (C) (D)
17. 我的手脚常常是干燥温暖的　　　(A) (B) (C) (D)
18. 我脸红发热　　　　　　　　　　(A) (B) (C) (D)
19. 我容易入睡并且一夜睡得很好　　(A) (B) (C) (D)
20. 我做噩梦　　　　　　　　　　　(A) (B) (C) (D)

【计分】

正向计分题A、B、C、D按1、2、3、4分计；反向计分题按4、3、2、1计分。反向计分题号：5、9、13、17、19。

总分乘以1.25取整数，即得标准分，分值越小越好，分界值为50。

你的得分是：＿＿＿＿＿＿。

四、焦虑的控制

对于焦虑情绪的控制，和对付抑郁情绪一样，都是用理智去淡化焦虑。

第一，不要把事情想成一场灾难。

1. 对大多数人而言，我们所害怕的事情中有九成最终没有发生。
2. 我们所害怕的事情即使变成了现实，后果也没那么严重。

第二，风险评估。

灾难化的想法，让我们失去了客观看待事情的能力，我们的视角遭到扭曲，坐井观天，而不是纵观全局。

工作表：风险评估
1. 明确你所担忧的事情。
2. 给你的焦虑感受打分（从0到100%）。_____
3. 这一情况的最坏结果可能是什么？
4. 评估这种结果发生的可能性（从0到100%）。_____
5. 有哪些因素可以减少这种结果发生的可能性？
6. 实事求是地说，最有可能发生什么？
7. 哪些思路可以帮助你客观看待事物？
8. 你可以采取哪些行动？
9. 实事求是地说，最糟的情况发生的可能性有多大？
10. 重新评估你的焦虑感受（从0到100%）。_____

第三，客观衡量担忧的依据。

写下支持或反对我们灾难化想法的全部依据，然后以这些依据为基础，得出当前处境的更妥当的观点。就像风险评估一样，这样做可以让我们客观、冷静地评价当前的处境。

工作表：衡量依据			
灾难化的想法	支持该想法的依据	反对该想法的依据	新的、妥当的思路
1.			
2.			
3.			
4.			

第四，应对性的陈述。

从前面的步骤中，总结过一句简单的话，提醒我们用更健康、更合理的心态看待问题，从而改善心情。

（一）重要性：这并不是致命的问题，这并不重要！5年之后，这不会留下什么影响。顺其自然，情况没那么糟糕。

（二）能否掌控：我能挺过去的。不论发生什么情况，我都能应付。这不是我能掌控的，随它去吧。

（三）宽容自己：我有偶尔犯错的权利。总有时来运转的时候。

（四）责任：不是我的错！

第五，行动。

当我们身处压力之下，当我们面对富有挑战的情况，重要的是采取一切行动来解决问题。正是要面对问题采取行动这个决定，可以增强我们对事态的控制感，从而减轻我们的焦虑。

在大多数情况下，只要我们觉得可以有所作为，就要早一点采取行动，去完成那些当前需要做的事情。拖延只会延长痛苦，并不能帮助我们解决问题。另一方面，采取行动可以增加我们解决问题的可能性，并且提供了重要的推动力。

五、心灵体操：放松、品味

深度放松技巧也有些用处。比如渐进式肌肉放松、冥想、让人平静的想象，让人心率变慢，呼吸变慢，血压下降，肌肉松弛，氧耗减慢。至于具体方法，我们在训练自控力时已经说过，只说一个简便的办法，可以在考场中运用。

（1）身体自然坐正，靠在椅背上，闭上眼睛。

（2）做一次舒畅的深呼吸，徐缓、平静地呼气。呼气时，对自己说"放松"，想象着"紧张"随呼气排出了体外。

（3）做深呼吸时放松，把手臂悬于体侧，感到温热的血流进入双手。想象着"紧张"也随之从指尖流了出去。

（4）反复数次屈伸手指，放松手指肌肉，以促进血液循环。

（5）轻微变换一下身体的位置，以便使更充足的血液依次流到全身各处。

（6）舒展你的双臂、双腿和腰背。

（7）再做一次深沉而徐缓的深呼吸，并在呼气时默念"放松"，然后开始做题。

以上这一过程大约在三十秒钟或更少的时间内就能做完。通过这样的放松，可以解除考试中的怯场现象。

我们这里再介绍另一种办法，就是品味当下。

人生有很多快乐是自足的，不需要财富、掌声或旁人羡慕的眼神。当一个人的心灵足够敏感时，荷塘夜雨声、穿透竹林而洒落满地的晨曦，青草的芳香与露水的晶莹都能让人心旷神怡，即使是草地上不起眼的小花也能让人惊艳、心喜。或者阅读一本难得的好书，看到一部启人深省的好电影，解开困惑多年的人生课题，都是所费有限而乐趣无穷。

世界充满玄妙，一花一草，都神奇无比。人生充满美好，每时每刻需要我们用心去欣赏。

人生旅途中，应该留意身边的细节，从中体会到美感。

在春暖花开的时候，我走在小区里，看到一树海棠，开得那样明艳，于是站在树下小立了片刻，看蜜蜂振着翅膀，在花间飞舞，看细小的花瓣，轻轻地滑落，一片落在面前，另一片落在我的童年，于是想起了无边的往事，心也变得粉红了。

你如果能在做题的空闲时间，站起身来，去四处走走，看青草如何从地底冒出，像大地放射的绿色光芒，听听清脆的鸟鸣，感觉到清风抚摸着皮肤。肯定会觉得陶醉，会感到全身心的放松，心态会更加平和，等收起心神，继续去做题，也应该会更有效率。

不光如此，我们的生活，只要用心打量，其实充满了赏心乐事。张爱玲写过一篇文章，叫做《道路以目》，说到是走在路上，用新鲜的目光，看人生百态，饶有趣味。她看到烘山芋的炉子，从样式到颜色，都和山芋相似。她看到自行车轮上装红灯，轮子一转，红圈滚滚，非常流丽。我们还可以延伸开去，在公交车上，看个人的表情，或从容，或焦急，或者干脆沉入睡乡；在楼顶，看楼下人如何甩手走路，十分好玩；夜晚看万家灯火，想象其中的故事，都非常有趣味。

懂得这样品味，你的内心就会宁静，放松。

> **知识点链接：**
>
> 张爱玲（1920-1995）：著名作家，本名张煐，后因入学需要，母亲黄逸梵以英文名Eileen译音，易名爱玲。父亲张志沂为清朝末年著名大臣张佩纶的儿子，母亲黄逸梵是清末长江七省水师提督黄翼升之女。张爱玲出身名门，因此受到了极好的教育。上海沦陷时期，陆续发表《沉香屑·第一炉香》《倾城之恋》《心经》《金锁记》等中、短篇小说，震动上海文坛。1952年张爱玲以完成未完成的学业为名离开中国大陆，其后赴美，并在美国终老。

六、做好心理准备才能有好成绩

最后,我们应用理智淡化焦虑的方法,再来谈谈考试时应具备的心态吧。当然,因为在考场里,你不可能列出几个表格,所以我们采用简便的方法,一切都在大脑中迅速进行。

如果你进入考场,拿到试卷,一看题目,顿时当头一棒,第一题不太会,先看第二题吧,又没感觉。如此看了几题,心中开始发慌:完了,完了,这次肯定完了。这一慌,脑子里一片空白,本来会做的题目也不会做了。这种现象称为慌场,几乎每个学生都会遇到这样的现象。

这时,你要怎么做呢?

第一步,不要把慌场想成一场灾难:

1. 我是做好了充分准备,才坐在这里考试的。只要正常发挥,考试不会一团糟糕。就算发挥一般,只要在其他科目上抓紧,还是可以弥补的。

2. 我感觉难,大家都难,怕什么?高考比的不是成绩,而是排名。

第二步,风险评估:

工作表:风险评估
1. 明确你所担忧的事情。   题目很难,做不出来。
2. 给你的焦虑感受打分(从0到100%)。 100%
3. 这一情况的最坏结果可能是什么?   排名落后。考不上好大学。
4. 评估这种结果发生的可能性(从0到100%)。 50%

5. 有哪些因素可以减少这种结果发生的可能性？
静下心来，做好下面的题目。
考好其他科目，弥补这门课的缺失。
6. 实事求是地说，最有可能发生什么？
我的排名保持不变，顶多稍微下降一点。
7. 你可以采取哪些行动？
做心灵放松操；各个击破，做好题目。
8. 实事求是地说，最糟的情况发生的可能性有多大？　20%
9. 重新评估你的焦虑感受（从0到100%）。　30%

第三步，应对性的陈述（简短，有力，用于自我提醒。）

（一）重要性：虽然题目难，但大家都难。事情没那么糟糕。

（二）能否掌控：这些题目，我能应付。最起码，我能正常发挥。

第四步，行动

对于难题，要各个击破。题目既然很难，那么做出一个算一个，多得一分是一分。千万不要这个题看看，那个题算算，惊慌失措，毫无头绪，而时间却溜得飞快，让人更心慌。努力静下心来，先把最简单的题目做出，有了成就感，心态就平和了，头脑就冷静了，思路也会变得清晰。

当然，现在距离高考还有一个月，你可以通过若干次大考小考，练就考试技巧，培养好考试心态，这样到高考时就不慌不忙了。

七、掌控感能从根本上减轻焦虑

我挺喜欢米奇·阿尔博姆的书，《相约星期二》、《我在天堂里遇到的五个人》之类，都写得很棒。他最近的一部作品《来点信仰》，虽说谈宗教信仰和中国人有点隔阂，但其中有个小故事，让我很有感触。

有一个人到农场去找工作。他把一封推荐信递给新雇主。信很简单。信上只有一句话："他在暴风雨中睡觉。"

农场主急需人手，所以没有多加询问就雇佣了这个人。

几个星期过去了，有一天晚上，一场猛烈的暴风雨突然向这个山谷袭来。

被暴风雨和狂风吵醒的农场主急忙从床上跳下来。他去找新雇来的帮手，却发现他还在呼呼大睡。

于是他独自一人冲到了牲口棚。他惊奇地发现，动物都关得好好的，并且还有很多饲料备着。

他又冲到了田间。一堆堆麦子都用油毡布包裹得严严实实的，牢牢站立在风雨之中。

他又冲到粮仓。门锁得牢牢的，谷子都是干的。

这时候他才明白了那封信。"他在暴风雨中睡觉。"

其实，在高考前倍感压力的人，其内在原因是心虚，觉得自己还没有准备好。既然如此，那就应该抓紧时间，做好规划，按部就班，充实自己，磨炼自己。等到高考到来时，你已整装待发，腹有诗书，胸有成竹，自然信心百倍，能在谈笑之间，从容迎接人生挑战。

因为通过努力，具备了掌控感，才能在根本上缓解心理压力。这种方法，主要有如下三条：

其一，调整目标，降低期望。目标过高，令人振奋之后，因极难达到，空惹得内心焦惶而于事无补，并对自我能力产生怀疑。因此，制定合适的目标，通过努力可以达到，才能让我们有掌控感。

其二，小事入手，渐臻佳境。要练成绝世神功，也要先练扎马步，而后循序渐进，才能登堂入室。而每个小小成功，累积起来，便是大成功。

同时，因为我们每天都有成就，就会有成就感，感到自己依然是命运之主。

其三，寻找娱乐，缓解紧张。允许做些娱乐，不是浪费时间，而能大大提高学习效率。我们的快乐蕴含在微小的积极情绪中，唱支动听的歌，说个可乐的笑话，与陌生人微笑，轻嗅一朵鲜花，都可以使我们内心愉悦，充满活力。

儿子，到这里，我们的快乐竞争力课程便已结束，但世界的道理，知道是容易的，做到是极难的，希望你能积极修炼，得到真正的快乐，并顺利通过高考。

我期待你的好消息。

祝福你。

深爱你的
倪甫清
5月3日

杨略看完了信，照例给葛怡看。她看完了，幽幽地说："杨略，你爸真好，通情达理，懂你，又支持你。而我家里呢，都是我妈管事，她总是对我有太高的期望，让我片刻也轻松不得。"

对于葛怡妈妈，杨略是不陌生的，知道她是个能干且严格的母亲。他很想帮葛怡，但毫无办法。他整理着信纸，忽然心中一动。

"干脆，葛怡，你给你妈写封信，把你的真实想法告诉她。"

葛怡想了一下，这倒也是个办法。平常她面对妈妈，不知怎的，在气场上就输了阵。她嘴边纵然有再多词语，只要妈妈劈头盖脸一顿说教，就一个字也说不出来，只顾唯唯诺诺，做了乖乖女，独自一人时就骂自己无能。或许，如果不当面交流，通过写信，就能说出心里话了吧。

于是她抽空写了一封。前面免不了是些感激之词，对妈妈的精心培养予以感谢，又对她的身体健康表示了关切，而后笔锋一转，有了如下一段：

妈妈，最近我感觉很累，其一是因为高考，其二是因为你的期望。您也知道，外因要通过内心起作用。我爱您，舍不得让您失望，所以压力山大。而对于高考本身，我并不那么担心，因为不是非得考上名校，才算成功。我认为，坚持理想，比暂时的成败更重要。我热爱教育，一想到十年树木百年树人，内心就激动莫名，有种美妙的神圣感，我想，这种感觉会一直激励着我走下去，或许以后无名无利，但我会很快乐。而你让去读金融，读外贸，都不是我的志向。当然，你会说，这些专业很有前途。然而，不快乐的前途，对我而言，又有什么价值呢？

妈妈，马上要高考了，请您理解我，支持我，同时，也减少对我的期待。我现在的心态不是"一定要考上北大"，而是"争取考上北大"。当我这样想的时候，并不会松懈，而只会更从容，在考场上能有更好的发挥。

您能也这样期待我吗？

她尽量把措辞写得准确，婉约，真诚。写完了，又让杨略润色了一番，才把邮件发了出去。不过，她没有等来回信，而是等来了妈妈本人。第二天上午第四节课结束，葛怡和祁月走出教室，就看到妈妈在楼下朝她招手。

她有些吃惊，莫非妈妈又来兴师问罪了，所以迟疑了一会儿，才走过去。

"妈，您怎么来了？"

"瞧你说的，不欢迎我似的。"

"哪能呢，怕您忙嘛。"

"走，妈带你去吃顿好的，补一补！"

妈妈开着车，来到了一家名叫新发现的餐馆。餐馆藏在小区内，旁边绿树成荫，环境是极清雅的。妈妈预订了包厢，也点好了菜。她们一落座，菜就端上来了，群菇煲、醉虾、茶香鸡，都是葛怡爱吃的。可是她今天却无心于此，只是惦记着，妈妈会同她说什么。

"妈，您……看到信了吗？"

"看到了。"妈妈答应得很爽利。

"那您的想法呢？"

"我理解你，降低期望，你啊，就踏踏实实地考试。一切等考试结束再说。"

葛怡听出了话中有话，心里倒不踏实了，当即停了筷。

"关于我的志愿……"

"考完再说，吃菜，吃菜。"说毕，妈妈就夹了一块香嫩的鸡腿肉到葛怡碗里。

"妈，我还是想听个明白。"

"葛怡啊，我不是苦口婆心和你说了很久了吗？你要是读教育学，必须要读博士，到头来还得窝在书堆里搞研究，工资又少得可怜。一个女孩子家，可不能苦了自己。要是做金融呢，妈妈会给你创造条件，发展得比别人都容易，以后做金领，甚至钻石领，多有面子啊。新时代女性什么都得靠自己！"

葛怡就知道，妈妈的想法根本没一点变化，顿时食不甘味起来。她有点想不明白，妈妈为什么会变成这样呢？生得算是如花似玉，如今上了年纪，也是气质迷人，却一心放在工作上，拼死拼活，从不休息，而且要求别人也和她一样。于是，她对丈夫是怒其不争，对女儿是独断专行。可到头来，她又得到什么呢？丈夫被别的女人挽着手臂，女儿和她貌合神离。她当然还有个支行行长的头衔，日后可能还爬得上更高的位置。可是，她总会退休的，当她退回家庭，她还剩下什么？

这些念头，在葛怡脑子里盘桓了很久，一直不敢说出来。但今天，事关自己的前途和命运,她憋不住了。但她毕竟是冷静的女孩,胸中纵有汩汩滔滔的浩瀚江水,说出的,依然是一股清流。

她抬起头看,看着唠叨中的妈妈。"妈,在寒假里,我看到了爸爸和另一个女人……"她停住了,不知该怎么措辞了,等着妈妈怒不可遏的追问。可妈妈一听这话,似被雷电击中,一时木在那里,脸上没有怒火,却只有苍白的颊颜。

"你……你也看到了?"

"妈,您早就知道?!……"

这一惊可非同小可。在葛怡看来,妈妈要是知道这事,准得火冒三丈,虽不至于刺刀见红,但绝对能闹得天下皆知,让爸爸身败名裂。

妈妈默默地点头,脸上的表情,像是在吞咽一口极苦极涩的野菜。"他们的事已经有个两三年了。我曾和你爸闹过,但到底没个结果。他俩断不了,而我呢,也没心思管了,就这么着吧,拖着吧。幸好我还有工作,还有你……"话虽如此,但嘴角已在颤巍巍发抖了。保养精致的脸上,显出了细细的皱纹。她似乎一下子变老了。

"妈,那你们为什么不离婚呢?"

"离婚?"妈妈似乎吓了一跳,"不能,不能。我们怕影响你。你知道的,父母离异,对孩子不好。另外,一离婚,社会影响也不好。不能,不能……"她的声音低下去,像是说给自己听的。

"可你们要么吵架,要么冷战,对我是好事吗?很可能,负面影响还更大吧。"她想到了自己当初与杨略的刻意疏远,不由垂下泪来。

"我……我没想那么多。"

"妈,您为什么非得活给别人看呢。能不能为您自己活一回?爸爸都追求自己的生活去了,您干吗不去?非得假模假式地做给我看,说是为我好。可我真的不需要这种好!"

"葛怡……"妈妈看着女儿,似乎不认识她了。这还是个孩子啊,怎么说话像个大人,居然教育她起来了。不过,女儿说的也有道理啊。

在单位里，给领导看能力，给同事看勤奋，给下属看威严，在邻里亲戚面前，她卖弄自己的能耐，展示女儿的外貌和成绩……只有在老公面前倒是真实的，却是一头真实的母老虎。她什么时候为自己活过呢？

"妈，其实呢，感情、事业都是一样的，都是如人饮水冷暖自知。你觉得幸福，满足，才是最重要的，不需要做给别人看。我想去学教育，不需要挣多少钱，只要活得自在，有价值感，心里痛快，那就足够了。妈，您不想这样吗？"

妈妈的眼睛里涌出泪水，把身子移过来，一把搂住了葛怡，哭得泣不成声，全然不顾泪水弄乱了妆容。她似乎从未这么痛快地哭过，尤其不曾在女儿面前哭过。她哭得很痛快，把几十年淤积的憋屈、好强、酸楚，全都宣泄出来。她的心里空了，舒坦了，轻松了，像是得到了重生。

葛怡抱紧妈妈，也痛哭起来，一下子觉得母女之间心灵完全相通了。她以前对妈妈是敬爱，现在变得疼爱了。她甚至轻轻地摸着妈妈的背，嘴里说道："妈，都会好的，会好的。"一如小时候痛哭时妈妈安慰她一样。

"葛怡……呜……你，你真的是长大了……"

陈子轩的事儿也有了结果。离高考只有一个月了，他不能时常去理工学院，所以也想暂时做个了结。他打定了主意，就去故地重游一次，接下来的一个月，他就不再去了。毕竟，学业为重，他片刻不能放松了。

周五下午，学校放了学，他又骑车来到那个书店，书包里照样带了那本画册。他并没有希望遇见储旭亮，毕竟她总共才在那儿出现过一次。他的这一举动，只是出于一种习惯，或者说，出于一种内心的需求。他在书店里徜徉许久，女孩没有出现。他本应死心，就此回去。但转念一想，今天是周五，储旭亮说不定要回家，或许，在校门口能撞见她吧。

当然，此时已经晚上七点，说不定储旭亮早已离开学校。唉，怎么早没想起来呢？他暗自有些后悔。但还是骑车来到校门口，在长椅上坐下。这时,天色基本上黑了,只有西边的天空还有一些葡萄灰,最高大的建筑物上,还抹着点夕阳的残光。校园里香樟树很多,树荫下早被黑夜覆盖了。只有几盏路灯,还有门口的保安室,还能照出几处光明。若是储旭亮经过,他定然是看得见的。

的确也有些人骑车进进出出,但都不是他要等的人。时间滴溜溜地过了半个小时,他开始有些无聊,加上草丛里蚊虫颇多,他的脸上、手臂上,很是挨了些叮咬。

"还是走吧,在这儿傻等什么?就算等上了,又能怎样?不过又是傻傻地跟一路。"

他在自嘲,身子却没动。最渺茫的希望也是希望啊。况且,他并不是因为希望才出现在这儿的。他是在自导自演一出纯情的爱情悲剧,类似《一封陌生女人的来信》,都属于爱情独角戏:我爱你,但却与你无关。

啊,他又开始畅想了。也许,若干年后,他成了名,忽然发表了这本画册,并在各大媒体上倾诉他对女孩的爱慕。这,会不会成为一段佳话?

他想着想着,嘴角就带出点笑意。爱,无论是怎样凄凉的爱,都是珍贵的。

一个骑车的身影引起了他的注意。是她吗?很像。他认出了她的身形,她的自行车,然后,她的脸庞出现在路灯之中。没错,就是她。毕竟是初夏了,她穿上了裙子。是一条白色百褶短裙,上身白色T恤,胸口是个大嘴猴,一顶粉红棒球帽盖住了长发,显得分外俏皮优美。

自然地,陈子轩又一次尾随了。

她回家的路,他已经熟悉了,就这么不紧不慢地跟在后面。她拐弯,他也拐弯。她停住,他也停住。初夏的夜里已有了几分郁热,让他微微地出了一身汗。城市里的灯光闪烁、纠缠、流动,有点光怪陆离,让他忽然有种不真切的感觉。

渐渐的，他们越走越偏僻，拐入了一个小巷。路很窄，路灯隔得老远，又被玉兰树一挡，整条路就显得黑沉沉的。汽车极少经过，就算有，也都开着远光灯，白亮亮让人睁不开眼。这儿几乎没有路人，他不好跟得太紧，就落下了一大段。

就这么骑了一段，前面是一大片河边的树林，柳荫黑沉沉的。河堤上下，白天倒有人锻炼身体，但晚上黑灯瞎火的，就全然没人了。

忽然前面"啊"一阵尖叫，再是哐啷一声，是自行车摔地的声音，继而什么声响也没有了。陈子轩听得分明，恐怕是储旭亮黑暗里看不清路，撞了石头摔了跤。他紧踩几脚，追了上去。只见黑魆魆的路上，躺着一辆自行车，发出金属的冷光。可旁边却没有人。他正在吃惊，却听到旁边灌木丛里有响声，他定睛一看，是两个黑色人影架着一个人影，往树丛里钻进去。

陈子轩的心脏都要跳出来了，手脚都有些发颤。他大喊了一声："住手！"把车子往边上一推，借着不远处路灯的微光，从地上捡了一块砖头，冲了过去。那两个人影听到身后有喊声，也是一阵惊慌，跑得更快了些。储旭亮苦于嘴巴被捂住，喊不出声音，但她在奋力挣扎，到底让那两人的速度减缓了些。陈子轩根本不顾灌木割破皮肤，死命地冲进去。他心里只有一个念头，他不能让储旭亮被人欺负，就算搭进一条命，也不能！

那两人看到陈子轩靠近了，其中一个在捆绑储旭亮，另一个腾出手来，挡住了陈子轩的去路，手里闪过一道寒光，分明是拿着什么家伙，压低了声音喊道：

"小子，别过来！老实点！这儿没你的事！"

陈子轩早已忘记生死，根本不管他说什么，直冲过去，举起砖头，就朝他劈去。那人身手不赖，往边上灵敏地一闪。陈子轩扑了个空，用力又过猛，脚下绊到了点什么，就往前扑倒在地上，后背可就被那人踩住了。

"小子,滚吧,再来,我要你命!"

但陈子轩猛一转身,仰面朝上,把手里的砖头死命地砸向那人的膝盖。

"啊哟!"那人膝盖吃疼,往后一退一矮身。陈子轩趁机站起来,往前一扑,挥动砖头,直拍向那人的头顶,只听"啪"的一记闷响,那人往后便倒。同时,陈子轩觉得腿上一阵冰凉,随即疼痛弥漫全身。他用手一摸,左大腿上插着一把匕首,幸好只是插在外侧,没伤到筋骨和动脉,但也几乎是穿透了。他往后退了几步,想起储旭亮,回头一看,剩下的那人正一边捆绑着储旭亮,一边不时地朝这边观望。

陈子轩也顾不上腿上疼痛,一瘸一拐地追上去。剩下的那人捆好了储旭亮,也迎上前来,手里明晃晃的,又是一柄匕首。陈子轩听到后面也有动静,稍微斜了一下脑袋,发现那个挨砖的家伙摇头晃脑,也爬了起来,正一步步紧逼。

"这回是真要死在这儿了。"他心里暗想。但这样想时,他并不恐惧,倒有一股豪气直冲脑门,让他喊出了一声:

"储旭亮,我不会让他们欺负你!"

随即,他又喊了一声,狠了心,抓住刀柄,猛地往上一提,将匕首从腿上拔出,鲜血染湿了裤子。他又刺啦一声,从裤子上割下一块布,扎在了伤口上。他是农村人,小时候漫山遍野乱跑,有时被石头刮破,他也是这样处理。那两人看他的样子,都有些发慄了,一时倒不敢上来。

"我和你们拼了!"他又一声高喊,扑了上去。这时恰好有一辆大车经过,轮子碾得路面轰隆隆响,明亮的车灯直射进来,照见了树丛里的几个人。那两个人本来就心虚,被灯一照,如同被照妖镜摄住,又看到陈子轩血肉模糊的样子,都萌生了怯意。毕竟,他们只是想贪点享乐,并非玩命之徒。

"来啊!"陈子轩又大喊一声。

"里面怎么回事啊?"刚好有一群路人经过,听见动静,就有个男子中气十足地喊了一嗓子。那两个人一听到这句话,对视了一眼,立即仓皇地钻进树丛,沿着河道跑去了。

"快,快救命!"陈子轩坚持不住了,坐在了地上。

四五个人跑进来,拿着手机当手电,照见了陈子轩。

"小伙子,怎么了?哟,流血了,要紧吗?"

"先别管我,先救她!"陈子轩往里面一指。于是,储旭亮被松了绑,嘴里塞的东西也被取出,但还在不住地发抖,含糊不清地道谢,又委屈地痛哭起来。

陈子轩松了口气,腿上虽然还痛,但血流得不多,估计只是皮外伤吧。储旭亮止住哭泣,朝他走来,显然是要感谢。但到了面前,却惊讶地说不出话来。

"是你,陈子轩!"

陈子轩的眼泪都流出来了。她还记得我,还记得。这证明自己的一腔情思,终于不算白费。

那几个人猜不出二人的故事,看陈子轩还躺着,腿上还扎着一块布,就发问了:"你们先别聊了,小伙子,你怎么样,要不上医院吧!"

陈子轩这才想起这茬。

"去,去。腿上被刀子扎了!"

于是,大伙儿抬起了陈子轩,储旭亮推着车,捡起了两个人的背包,就跟在一旁,不住地发问:"陈子轩,你怎么会在这里?你现在怎么样?痛不痛?今天幸亏你了……"

那几个热心人听出了苗头:"哟,小伙子,你这是英雄救美啊,嘿,不得了,是条汉子!姑娘,这年头这样的好小伙可不多了……"

还好,小巷尽头就是一家医院,大家把陈子轩抬进急诊室。值班医生手脚麻利,二话不说,撕下裤腿,查看了伤口。

"不要紧,缝几针就好。"

那几个热心人走了。医生开始用酒精擦伤口,他手法很熟练,不多时就缝好了。虽说这着实有点痛，但一想到储旭亮就在外面，正关切地守候她，就感觉到从未有过的幸福，几乎要流下泪来，哪里还管得了疼痛。

手术完毕，陈子轩的腿上裹了绷带，送到了病房。储旭亮帮他办完了所有手续，又来到病房陪他，脸上带着无限的温情。

"陈子轩，我们都好几年没见了。"

"是啊，你都毕业了。"

"今天你是恰好经过吗？怎么会这么巧？"

陈子轩不好意思了，面对着朝思暮想的女孩，他不知该怎么说了。幸好，他想到了什么。

"你能把我的包拿过来吗？"

从包里，他取出了那个画册，递给了储旭亮。储旭亮翻开了，看到一幅幅美丽的图画。场景都是熟悉的，衣服和发型也都是她的。

"这都是我？"

陈子轩点点头。

她又翻了几页，然后飞快地翻到最后几页，定定地看着陈子轩，声音有些发颤了，像有露珠轻轻落在荷叶上。

"整本……都是我？"

陈子轩又点点头，嘴角忍不住抖动，而眼眶里已蓄满了泪水。"你看看最后几页。"

储旭亮翻到了那几页。上面正是陈子轩尾随着她的画面。骑出校门，穿过街道，在面包店小驻，进入"明月润居"。

"你一直跟着我？那你为什么不和我说话？"

陈子轩忽然发现，他爱慕储旭亮三年，尽管有过许多次对视，却从未有过一次对话。他现在也不知从何说起了。最后，他没头没脑地说出了最要紧的一句："那天，我看到你和一个男生，坐在一辆保时捷……"

"啊？"储旭亮是个聪明女孩，察言观色，也迅速明白了所有事情，

"傻瓜，那是我表哥。"

一块大石头从陈子轩的心头移走了，他一肚子都是笑，像无数个泡泡，要带着他飘起来了。表哥……让他绝望，让他堕落，让他奋发，让他急功近利，让他只敢尾随不能向前……居然是表哥……泡泡从嘴里漏出来了，他忍不住哈哈哈地笑了起来，感觉到从未有过的轻松。

"是你表哥……哈哈哈……"

储旭亮点点头，也忍不住笑了。

"对啊，是我表哥，呵呵哈哈……"

他们笑了很久，终于平息下来了。陈子轩凝视着储旭亮，储旭亮也凝视着陈子轩。几年前，他们也时常这样对视，但从未这么长久，这么心心相印。

"你表哥，让我错过了很多年……"

"或许，什么也没错过……"储旭亮的脸上浮现出一朵红晕。

"旭亮——"他的心都醉了。

"子轩——"

杨略最近与葛怡处得不错，又恢复了常态，彼此互帮互助，倒也其乐融融。随着高考的愈加临近，同学们开始拍毕业照，写毕业纪念册，他认真地给每位同学写，还贴上照片。有时写着写着，就会伤感起来。这帮同学们啊，朝夕相处三年整，每个人的音容笑貌，已成为记忆的一部分，生命的一部分，一个月后，就将各奔东西，虽然断不了联系，但距离远了，一切也都远了。

他一闭上眼睛，就能听到曾泉那五音不全的歌声，就想到和陶坷坷在赛场上的合作，就看到陈子轩传神的人物漫画……自然，更多的是葛怡的一笑一颦。唉，他甚至都舍不得过完这段同舟共济的日子。

正在杨略五味杂陈的时候，欧阳老师带来了学校的通知，说是十八岁成人仪式兼高考动员大会要开始了。

"啊？我们也要动员啊？"

郑乔姿立即抱怨起来。其他同学也皱了眉头，都想到了去年的动员大会。虽说高考动员大会，参加的理应是高三学生，但教导主任沙元振突发奇想，提议高二学生也来听听，以便提早进入备考状态，于是高二年级也列好队伍，排在高三后面，在烈日下炙烤了三个小时。

操场上到处都是红色的横幅，写着各类创意独具的誓词，有"让雄心与智慧在六月闪光"、"宁吃一月苦，不留终生憾"之类的豪言派，也有"天空飘过一行字儿，高考不算个事儿"之类的潇洒派，还有"不要左顾右盼，紧紧抓住每一个五分钟"之类的务实派。

各班排得整齐，最前面是身材高大的旗手，都举着红色的大旗，在风里呼啦啦地飘摆。

当时学校请了一位作家来做讲座。他五六十岁，身材矮小，脸上满是褶子，纵横交错，金刚怒目。他是省里作家协会的副主席，写过一些《东方日出》《雷锋精神》之类的图书，由学校推荐给同学看，销路居然不错，也得了些工程奖、出版奖。但在图书馆里，他的书总是很干净，放几十年也不会有一点折皱。

他说了一通少年往事，不外乎泥腿子出身，日夜苦读，于是知识改变命运，成为乡里第一个大学生，此后专心写作，歌颂大好时代，为塑造国家形象作了贡献。说到最后，他站起来，走到前面，朗诵起了《少年中国说》，却是一口的广东腔，豪壮的词语也变得缩头缩尾。当然，或许梁启超本来就是广东人，即便让他来念，也大抵是如此的吧。

讲座完了，就是誓师大会。每个班都精心准备了誓词，由班主任带领，如同阅兵式一般，先是齐步走，经过主席台时，换做正步走，并齐声庄严呐喊。

其中有一个班级最为出彩。他们统一着装，白色的T恤，都印着一双手，捧着心仪大学的校门，表示名校尽在掌握。走到主席台前，他们齐刷刷地右转，面对学校领导，都是一脸的刚毅决断。班主任在前面说一句,学生们就齐声地跟一句,并应和着节奏,猛然挥动右手的一小本红色誓词,不仅喊出了决心,似乎胸中郁苦之气也一并发泄了。

杨略等人站在那儿,看到这架势,都有些看傻了。

"妈呀,这是红卫兵啊。"曾泉咧着大嘴就说。

"就是,还拿着红宝书呢。"杨略也有同样的感觉。

感叹声、讥嘲声当中,忽然夹杂了楚当当的惊呼:"乔姿,乔姿!"原来郑乔姿站着站着就软了下去,躺在后面同学的怀里,脸色铁青,牙齿紧咬,应该是中暑了。女生们大呼小叫,却不知所措,还是曾泉当机立断,背起她,一溜小跑送到医务室。自此以后,郑乔姿对曾泉异常亲热,有什么好吃的、好玩的、好看的,都会想着他。这算是那次动员大会的唯一收获。

"今年我们也要遭这罪吗?"

"有这时间,倒不如多做几道题呢!"

然而,学校的安排就是圣旨,反抗是无效的。幸好,学校并未要求大家做什么排练,也没让准备横幅和誓词,一切风平浪静,并没有什么异常。大约,活动是不办了吧?大伙都这样揣度。只有单昀偶尔会去教师办公室,回来还写点什么,默默地背诵。但他是班长,去办公室很正常。而背诵呢,更无需奇怪,高考当前,文科生谁不在背呢。所以大家都没留意。

到了周五,恰是距离高考三十天,欧阳老师发了通知,说是要开动员大会啦,于是大家蜂拥来到学校大礼堂,活动就开始了。

舞台中间,布置了一个高大的门框,却不知做什么用的。背景墙上,"成人仪式兼高考动员"几个字熠熠生辉。右边有一个大屏幕,正播放着许多照片。大家仔细一看,都在惊呼:"啊,这不是我吗?"原来屏幕上放的,都是高中三年各班同学的照片,从人数上看,有全班的,三五人的,也有个人的。从场景看,有军训,有教室上课,也有运动会上各种英姿和丑态。

同学们每看一张,都会激动莫名。杨略在大屏幕里也看到了自己,高一军训时的青涩,海边实习时被海风吹乱的头发,篮球赛中投篮的身影……记忆都历历在目,却居然已是一年前、两年前的事情了。他的鼻子忽然有点发酸。

大家正看得热闹,校长走到舞台中央,用他浑厚的嗓音,开始了铿锵有力的讲话。

"同学们,走进高三,我们经历着风雨,我们沐浴着阳光。走进高三,我们砥砺着斗志,我们憧憬着未来。今天,你们十八岁了。这是人生的重要时刻,以前你们是翩翩少年,以后将是一个有理想、有担当、有才华的成年人,是国家的栋梁之才。"

校长的声音宽厚、嘹亮,几乎像是在做诗朗诵了。

"看到这个门了吗?今天,我们每个人,都要从这里走过去,去迎接新的岁月,新的使命,去开创新的辉煌!"

大家这才明白这道大门的意义,于是都起立,按班级顺序,在庄严的音乐中,整齐地走向舞台,一个个穿过那道大门。校长站在另一边,和每位同学握手。杨略走过去时,校长认出了他,微笑着,握手分外有力。

"杨略,好样的,加油!"

杨略激动地点点头,觉得自己顿时高大起来。

学校的高三生很多,十六个班,九百多人,每个人穿过大门,虽然很快,但也花了半个多小时。

等大家终于重新回到座位上,单昀却走到台上,穿着白衬衫,很是整齐,他对着麦克风,举起了右手,用他特有的清脆嗓门说:"同学们,今天,我们站在这里,举行庄重的成人礼,请拿出手里的誓词和我一起郑重宣誓。"

这下大家明白了,原来前几天单昀背诵的,正是这张誓词。他曾当过学生会主席,又时常去参加演讲比赛,成绩又好,由他带领大家宣誓,那是最合适不过的了。于是在单昀的带领下,九百多个高三学生都开始郑重宣誓:"纵然路有荆棘,途有坎坷,我们也会勇往直前;即便太行雪拥,蜀道峰连,我们也会直挂云帆。辛酸、痛苦,我们不怕,我们心中有梦。单调乏味,我们无畏,我们志存高远。高三鏖战终有日,六月鲜花为我开。人生难得几回搏,吾辈今朝数风流。十年一剑今朝试,鹏飞万里遂我心。揽明月九天,取巨鳌五洋。生命如虹,青春无悔;数日拼搏,志在必得。"

"志在必得!志在必得!——"

声音在会堂中回旋,缭绕,再不断绝。誓词写得是如此慷慨,大家念得是如此激越,年轻的心灵都被点燃了。所有的恐惧、焦虑、沮丧,在这一刻,都化作轻烟飘散了。剩下的,是一颗颗无畏、奋发、豪迈的刚强之心,向着高考,也向着人生路,跃马扬刀,开始新的征程。

尾 声

其实人都是趋利避害的，但人生难免遭遇风雨肆虐，这自然是不让人愉悦的，只是因为无法摆脱，就只好硬着头皮，勉力前行。幸而有理想的灯塔指引，纵然前路迷蒙，也能奋力向前。再辛苦，也比待在原处哀叹的人要幸运。他们纵然不动，也会被暴雨淋湿。而我们一直运动，身上热气蒸腾，反而不易着凉伤寒。

亲爱的读者，我是杨略，又用了将近一年，写完了上面的文字，数了数，也有十几万字，颇有些成就感。现在终于松了口气，可以歇歇脚，与你随便聊聊了。

高三是段独特的时光，很艰辛，很难忘，却又太单调了，每日的机械式劳作，朝五晚九，三点一线。三天一小考，五日一大考，试卷塞满了抽屉，又溢上桌面，与课本教辅争抢地盘。都舍不得扔，觉得其中有真意，欲辩已忘言，心想以后可以慢慢领会。但新的试卷又蜂拥而至，真是高三后卷推前卷，前卷湮没无人见。但真正湮没其中的，除了因造纸而毁灭的森林，就是我们青春的面容。正如一位诗人所写的："中学时，你是个过于听话的孩子，听父母的话，听老师的话，一天到晚愚蠢地一遍又一遍地翻看无用的教科书。"

愚蠢，但没有办法。无用？未必如此，但用三年时间，才学了那么几册课本，终究不太划算。但为了理想，甚至仅仅是个卑微的理想，一群朝气蓬勃的少年，埋头于枯燥的试题之中，被面前的胡萝卜吸引着，被身后的皮鞭抽打着，时而心沸如海，时而冻结如石，而又只能默默忍受。人生能有几回搏。辛苦一学年，幸福一辈子。考过官二代，战胜高富帅。这样的条幅校园里随处可见。谁能说它没有道理呢？

当然，那时翻涌的情绪，时而高涨，时而平缓，毕竟被日记本采撷了几瓣浪花下来，所以现在翻翻，还可以把往事擦亮。都是些琐事：一次考试不满意，顿觉天昏地暗，对自己的才华深抱怀疑；有时又春风得意，自觉天宇清朗，百般事体，无不称心如意。

我记录了很多班里的事情，但有些却没有记。

比如，班里还有这样一位女生，平常是极开朗健康的，大大咧咧，时常理个平头，号称女生中的帅哥。可每次模拟考试结束，都要痛哭一场，抽抽搭搭，半日方歇。在等待分数的时候，总是惶惶不安，坐卧不宁，用手轻轻地拍着胸口。那青春饱满的胸脯，本该朝气蓬勃，绚烂夺目，却因承载了过多的压力，脆弱得需要绑上铅条。终于拿到了被批阅的试卷，若是满意，脸上就绽放开一朵夸张的牡丹，连牙齿也森森可见。若是不得意，就拿本书，数学考砸就拿数学书，语文考砸就拿语文书，使劲地敲打书桌，口中骂骂咧咧，骂至伤心处，就说："……以后可怎么办呢？"泗涕交流，声如颤丝。闻者感同身受，无不凄然。

还有一回，距离高考只有一周了，我们楼上的高三（一）班忽然发了疯，站在走廊上，一边呐喊，一边将课本、参考资料、试卷撕碎，纷纷扬扬地下了好一场大雪。其他班的人见了，也纷纷效仿。沙元振见了，急忙去制止，却挨了同学几下。本来是要严肃处理的，但鉴于学生马上毕业，为了不耽误他们的前程，事情也就不了了之了。欧阳老师说，这是变相的减压法，说明高中教育让人痛苦，所以是失败的。他说得沉痛，然而也无奈。

大家都会说，这是高考作孽啊。但我并不想谴责高考什么。因为随着年龄渐长，我后来见到的社会现实，远比这个要残酷得多。正如某人所说，一个人的生活如果仅仅为爱情而悲伤，那么他是幸福的。同样我可以说，如果一个人仅为成绩而痛苦，那也是幸福的。至少，那时的生活很简单，关系很清纯，种种烦乱的事情还没有奔腾而来。

亲爱的读者，你肯定又骂我站着说话不腰疼了。这话我倒难以反驳。因为我确实是高考的幸运儿。当然，我要辩解的是，这幸运并非天赐，而是因为人生目标的指引与激励。只要看过我的书，你们就知道，在高二暑假，我和几个好友都去经历了些事情，看了些书，了解了大学的专业，从而确定了以后的道路。

借用汪国真的话，既然选择了远方，就只顾风雨兼程。其实人都是趋利避害的，人生难免遭遇风雨肆虐，这自然是不让人愉悦的，只是因为无法摆脱,就只好硬着头皮,勉力前行。幸而有理想的灯塔指引,纵然前路迷蒙,也能奋力向前。再辛苦,也比呆在原处哀叹的人要幸运。他们纵然不动,也会被暴雨淋湿。而我们一直运动,身上热气蒸腾,反而不易着凉伤寒。

况且,求知,本身也是愉悦的,即便是学习自己很不喜欢的科目也是如此。正如我爸爸所说,用心去做,就不会一无所获。我讨厌数学,也一直学得不太好。但因为用心学了,从此思路清晰,逻辑严密,写起文章不至于东一榔头西一锤子不知所云。又想起了那个故事,在海边随意拣了些石头,第二天都变成了宝石,于是深悔当初不曾多拣一些。此情可待成追忆,只是当时已惘然。

既然是尾声,按照惯例,该介绍一下朋友们的出路了。

陈子轩考得一般,去了一所职业技术学院,档次不算高,但因为能学动漫,他也学得兴高采烈。只是别人问他是什么学校时,他总是敏感得很,支支吾吾,常顾左右而言他。过了一年,学得不错,大大小小获了不少奖。他的漫画时常发表,据说要出单行本了。人也自信起来,不以职业学院为耻了。又参加了专升本考试,足有九成胜算。而他与储旭亮的故事,一直被我们反复念叨,甚至通过校园网,在高中的学弟学妹中传颂,成为校园文化的一部分了。

楚当当学了艺术设计。这是她与父母抗争之后的妥协。艺术,本是极张扬自由的。她父母怕她张扬得过了头,走上凡·高、高更的路子,尽管他们未必知道这两个人。但在他们中规中矩的脑子里,搞艺术的人,不修边幅,总是有些神经质。而设计呢,就严谨了许多。他们想到的是广告图像设计。这年头,酒香还要勤吆喝,什么不得做广告?所以从事这行恰到好处。楚当当也答应了,高考后进了美院,疯魔了一般醉心于油画。这自然与端木宇是分不开的。但愿他们能有个好结果。

还有陶坷坷,毕业后去英国留学了,读经济学。因为家庭影响,他学这个轻车熟路,倒也适合。有时在网上相遇,他总说很寂寞,文化差距大,连吃饭都不太习惯。但毕竟年轻,适应得快。趁着假期,又走遍了欧洲各国。许多我只在地图上见过的地名,他都一一去踩过了。

偶尔回国,大家相聚,他绅士了许多,请大家吃饭,说:"周游列国,说起来很了不起,其实也就等于在中国逛了几个省而已。"但语气还是得意的。

祁月最后考进二本。她虽然有些遗憾,与她的名校梦还有相当距离。但在欧阳老师的开导下,她也就认可了,没有参加高复。欧阳老师私下曾对我说,祁月内心依然脆弱,如果高复,去争取一本,那很容易压力过大,再次陷入精神疾病。祁月选择了读心理学专业,这算是因祸得福,以及推人,久病成良医吗!

曾泉读了社会学,扬言要直追费孝通,才大一呢,就与几个学长组建了"三农"调查小分队,申报了个挑战杯项目,去贵州农村进行了调查,探讨农村如何发展。据说,他们的项目完全可以做成硕士论文。虽然结果未必如意,但重要的是他们做了。

再是葛怡,读了教育学。到了大二,又专攻早期教育,愈发找到了感觉。她的心理学也学得不错。因为教育学是以心理学为基础的。有时我在图书馆见她,她手里居然捧着脑科学的书籍,里面大堆的生理学名词、化学分子式,读得半懂不懂,但每有心得,就欣然抄下。

当然,她依然和我同校。我最喜欢在图书馆,看她垂眉看书。随着眨眼,睫毛轻轻拂动,将我的目光轻轻梳理,清澈而条理分明。

因为高考成绩不错,我填了中文系,也有幸被顺利录取了。课程挺多,都是自己喜欢的。闲时在校园里走动,这里有很大的湖泊,中间一个小岛,岸上垂柳依依。有时会有白鹭飞来,张着宽大的白翅,一下一下扇动,从容不迫地在湖面上掠过。我看着,就莫名其妙地无比感动。很幽静,我时常和葛怡坐在草坪上,午后会有音乐响起,清新悠扬,可以恬然闭上眼睛,或者仰面看天上的流云。

于是我写诗，我幸福。

而爸爸呢，身体是一日好似一日。在高考后的暑假里，因为我考得好，他一时高兴，居然带我们去海边旅游了一番。当然，开车的还是妈妈。在海边，我们躺在沙滩上，听他讲大学的故事。

"我们那时候，大学毕业包分配，所以一踏进大学校门，基本上前程无忧，所以谈恋爱的谈恋爱，搞活动的搞活动，并没有多少心思花在学习上。生活是很丰富了，自诩是天子骄子，得天独厚，直到毕业之后，才觉得有些后悔。"

"我光知道现在的大学生懒散，倒不知道你们那会儿也一样。"

"现在大学生的懒散，源于高考压力过后的矫枉过正，带点报复性。同时，高中里不谈人生规划，大学里自由了，就陷入迷茫，于是也会浪费时光。"

"是啊，"我舒舒服服地摊开手臂，"我现在就像是离开沙漏的沙子，远离了争分夺秒，就想一动不动地躺在沙滩上，什么事也不做。"

"你觉得大学是怎样的？"

"大学，哈哈，就是身后没皮鞭，心里没负担，旅游是说去就去，恋爱是想爱谁就爱谁，是春有百花秋有月，夏有凉风冬有雪，是腰缠十万贯，骑鹤下扬州，是春风得意马蹄疾，一日看尽长安花。"

这段话是我和曾泉时常背诵的，所以一时说得很顺溜。

"错了，儿子。从高中到大学，基本上是出了虎口，又入狼窝。你想啊，高中再忙再累，学的也不过就是那几册课本；而大学呢，无论是哪个专业，专业书籍都堆积如山，你要想学好，肯定要比高中还要忙碌。"

"不会吧！"我假装哀嚎了一声，其实内心依然是喜悦的。

那时，我有文学，有梦，对前途，对大学，充满了无比的期待。

爸爸依然是挂念着我，担心我在大学里过于自由，照例还会时常写信过来。

那又是新的课程了。

下部预告
《你在为谁读书6：在大学里脱颖而出》

杨略经过高考，终于踏入大学校门，长期绷紧的神经，忽然松弛了，本以为大学是自由天堂，但他很快就陷入迷茫。大学与高中很不相同，老师不再严管，课余时间很多，大家一下子觉得被散养了，找不到北了。于是大家开始看电影，打游戏，进社团，谈恋爱。对于学习、专业、社团活动，大家无所适从，不知该学什么，以后有什么出路。

杨略父亲凭借自己的声望，组织了十堂讲座，请学校最知名的教授，从各自专业角度出发，畅谈大学四年如何度过，大学生应具备怎样的素质。

经济学教授从经济学角度看奋斗的价值，管理学教授谈如何通过社团活动提升组织能力，哲学教授谈人生的至乐，美学教授谈悲悯博爱之心，社会学教授谈大学生应该有的天下情怀，历史学教授告诉大家如何在残酷现实中坚持自我，心理学教授谈亲密——如何更受人欢迎，生物伦理学教授谈人如何与万物相处，设计学教授谈人生的创意与情趣，营销学教授从营销学角度谈青少年个人品牌的塑造，更有草根英雄来畅谈人生的坚持与自律。

杨略等人深受启发，合理地规划了大学四年，读书、交际、支教、旅行，有条不紊，充分利用了大学时光。

你在为谁读书 5
青少年情绪管理（珍藏版）

余闲 著

图书在版编目（CIP）数据

你在为谁读书.5,青少年情绪管理:珍藏版/余闲著.——武汉:长江少年儿童出版社,2015.1
ISBN 978-7-5560-1741-6

Ⅰ.①你… Ⅱ.①余… Ⅲ.①成功心理－青少年读物 Ⅳ.①B82-49②B848.4-49

中国版本图书馆CIP数据核字(2014)第068644号

长江出版传媒

出版发行：长江少年儿童出版社
出 品 人：李旭东

社　　址：	武汉市雄楚大街268号出版文化城B座7－8楼	邮政编码：430070
业务电话：	（027）87679199　（027）87679179	电子邮件：hbcp@vip.sina.com
网　　址：	http://www.hbcp.com.cn	

承印厂：	湖北恒泰印务有限公司	经销：	新华书店湖北发行所
规　格：	680毫米×980毫米	开本：	16开
字　数：	240千字	印张：	16.25
印　次：	2015年1月第1版，2019年6月第9次印刷	印数：	85 001-95 000

书号：ISBN 978-7-5560-1741-6	定价：35.00元

本书如有印装质量问题，可向承印厂调换。